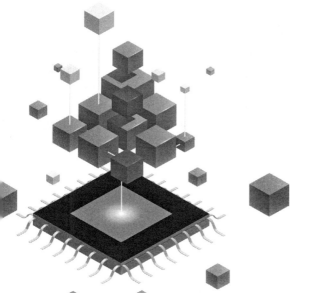

单片机原理
及典型模块

(活页式)

唐 振 余茂全 ■ 主 编
赵涟漪 戴诗容 金 明 ■ 副主编

清华大学出版社
北京

内 容 简 介

本书以51系列单片机为基础，以C语言为编写语言，重点讲解单片机的基本原理及体系结构，详细讲解LED显示、数码管显示、按键开关、声音、点阵、液晶、步进电动机、串行口通信等典型模块的原理、电路设计和程序编写。最后通过电子钟、直流电动机调速系统、红外电子体温枪等3个综合实例，提高学生的整体设计水平。

本书既可作为高等职业教育电子信息类、电动化类相关专业的教材，也可作为相关工作人员的学习参考资料。

本书封面贴有清华大学出版社防伪标签，无标签者不得销售。
版权所有，侵权必究。举报：010-62782989，beiqinquan@tup.tsinghua.edu.cn。

图书在版编目(CIP)数据

单片机原理及典型模块：活页式/唐振，余茂全主编. —北京：清华大学出版社，2024.6
ISBN 978-7-302-65081-2

Ⅰ.①单… Ⅱ.①唐… ②余… Ⅲ.①单片微型计算机 Ⅳ.①TP368.1

中国国家版本馆CIP数据核字(2024)第006383号

责任编辑：刘翰鹏
封面设计：曹　来
责任校对：袁　芳
责任印制：杨　艳

出版发行：清华大学出版社
网　　址：https://www.tup.com.cn，https://www.wqxuetang.com
地　　址：北京清华大学学研大厦A座　　邮　编：100084
社 总 机：010-83470000　　邮　购：010-62786544
投稿与读者服务：010-62776969，c-service@tup.tsinghua.edu.cn
质量反馈：010-62772015，zhiliang@tup.tsinghua.edu.cn
课件下载：https://www.tup.com.cn，010-83470410

印 装 者：三河市铭诚印务有限公司
经　　销：全国新华书店
开　　本：185mm×260mm　　印　张：18.75　　字　数：432千字
版　　次：2024年6月第1版　　印　次：2024年6月第1次印刷
定　　价：59.00元

产品编号：104350-01

前　言

　　党的二十大报告指出,"推动战略性新兴产业融合集群发展,构建新一代信息技术、人工智能、生物技术、新能源、新材料、高端装备、绿色环保等一批新的增长引擎。构建优质高效的服务业新体系,推动现代服务业同先进制造业、现代农业深度融合。加快发展物联网,建设高效顺畅的流通体系,降低物流成本。加快发展数字经济,促进数字经济和实体经济深度融合,打造具有国际竞争力的数字产业集群"。单片机技术广泛应用于电子信息、智能制造、高端装备、物联网等众多新兴产业,为产业转型升级提供技术支撑,发展单片机技术具有重要意义。

　　本书以学生能力培养为主线,着重基本概念和基本原理的阐述,注重理论知识的应用,注重加强学生实践技能和综合应用能力的训练,突出应用能力和创新能力的培养,体现出基础性、实用性、实践性、创新性的教材特色。

　　单片机原理及应用是高职高专电子、电气、机电等各类专业普遍开设的一门专业课,本课程具有原理较难、知识点多、实训动手要求高等特点,所以一直被学生认为是较为难学的一门课程。当前市面上的教材通常是理论和实践分开,有的书籍只讲理论,实例很少,有的教材全部都是实例,理论一带而过。在学习过程中,理论过多过深的教材往往晦涩难懂,且对实践技能培养不足;理论过少的纯实践类教材往往很难让学生对单片机的原理有系统性认识。因此,本书将两类教材进行结合,分为三个部分,第1部分阐述单片机原理与结构,让学生对单片机的理论基础有个相对系统的了解。第2部分通过LED、数码管、按键、蜂鸣器、点阵、液晶、步进电动机、串行口通信8个典型外设模块,让学生掌握单片机在实际中的应用,将第1部分的理论知识与实际应用相结合,围绕任务详细阐述单片机的原理及设计方法,培养学生的技术技能水平。第3部分通过电子钟、直流电动机、红外电子体温枪三个综合实例,让学生进一步了解单片机在实际生产和生活中的应用,进一步提升学生的综合应用能力。

　　在单片机教学过程中采用最多的编程语言是汇编语言和C语言,C语言具有易学易用的特点,尤其是对复杂程序的开发,比汇编语言更为方便。因此本书案例均采用C语言进行编写。在单片机学习过程中,除了理论和实践外,仿真也是很好的学习途径。本书在实例部分的所有电路图均采用Proteus软件绘制,这样学生可以直接使用硬件电路图,然后加载相应代码,便于在Proteus中进行仿真。

　　对单片机的初学者来说,需要掌握单片机的体系结构、外部设备、软件编程、硬件电路搭建等众多内容,知识点多,相关性强,有一定的学习难度。编者根据多年的教学经验,给出以下5点提高学习效率的建议。

1. 初步掌握理论知识,尽快进入实例开发

　　单片机体系结构复杂,理论知识众多,对初学者而言,要想刚开始就完全掌握这些知识是不太现实的,很多知识只有在实际开发用到时才能深入体会。因此,建议初学者对理论知识有初步的概括性的了解后,就进入 LED、数码管等典型模块的实例开发。在实际编程中,遇到哪一部分不太清楚,再去查阅相关理论知识,这样才能不断地夯实理论基础。

2. 均衡培养软件和硬件技能

单片机开发既包括软件设计,也包括硬件设计,两者对整个项目的开发都非常重要。对初学者而言,应同时学习软件和硬件,不可偏废一方。在系统调试时,软硬件的协同调试尤为关键。

3. 保持耐心,培养匠心

初学者在刚开始进行编程或硬件电路搭建时,难免会出现各种错误,容易灰心丧气或者放弃学习。初学者需要客观认识这些问题和挑战。在单片机开发过程中遇到错误或问题在所难免,不只是初学者如此,在专业的项目开发中也会遇到各种问题,不能盼望软件编程或硬件设计一次成功。初学者在调试或查找错误时要保持耐心,理解调试是开发过程的重要组成部分。在不断查找错误和调试过程中,初学者进一步掌握单片机原理和软硬件设计等知识和技能,培养精益求精的工匠精神。

4. 学会团队合作

大型单片机项目通常需要一个团队来完成。初学者应学会如何与团队成员有效分工和合作,良好的沟通和合作能够加快项目进度,减少错误和调试时间。

5. 培养创新意识

单片机的应用非常广泛。家用电器、电子产品、办公设备、工业自动化控制等众多领域都有单片机的应用。初学者应积极观察身边的设备,看看哪些已经在用单片机进行控制,还有哪些目前没有用单片机但有可能通过应用单片机使其更加智能,从而不断地提高创新意识,或许能开发出新产品或对现有产品进行智能化改造。

本书内容较多,但章节和知识点相对独立,不同专业可以根据学时长短进行组合。第 1 部分第 4 章可作为选学内容,第 2 部分 8 个典型外设模块可选择其中部分作为学习内容,第 3 部分 3 个综合实例也可根据需要进行选择。

本书由安徽水利水电职业技术学院唐振、余茂全担任主编并负责全书统稿及文稿整理、录入工作;由赵涟漪、戴诗容、金明担任副主编。由汪永华担任主审。编写人员及编写分工如下:唐振编写第 1~6 章,赵涟漪编写第 7~9 章,戴诗容编写第 10~12 章,金明编写第 13、14 章及附录,余茂全编写第 15~17 章。

本书是安徽水利水电职业技术学院国家双高计划建设成果。本书的编写得到了合肥合锻智能制造有限公司、合肥科大智能科技有限公司等企业的指导和帮助。借此,向对本书给予帮助的同仁表示衷心的感谢!

本书为高职高专单片机课程改革创新做出积极探索,但由于编者水平有限,难免存在不足之处,恳切希望广大读者批评、指正。

编 者

2023 年 12 月

单片机
学习建议

目　　录

第 1 部分　单片机原理与结构

第 1 章　单片机概述 ··· 2
  1.1　什么是单片机 ·· 2
  1.2　单片机的发展历史及分类 ··· 2
      1.2.1　单片机的发展历史 ··· 2
      1.2.2　单片机的分类 ·· 4
      1.2.3　单片机的封装 ·· 6
  1.3　单片机的应用领域 ··· 6
  本章小结 ·· 7
  习题 ··· 7
      实践作业 1　查找 STC 系列主流产品芯片型号 ··· 9

第 2 章　数字电路基础 ·· 11
  2.1　数制及其转换 ·· 11
      2.1.1　数制 ·· 11
      2.1.2　数制间的转换 ·· 12
  2.2　常用逻辑门电路 ··· 13
      2.2.1　三种基本逻辑门电路 ·· 13
      2.2.2　常用复合逻辑门 ··· 14
      2.2.3　传送门 ·· 15
      2.2.4　译码器 ·· 16
      2.2.5　触发器 ·· 17
      2.2.6　寄存器和锁存器 ··· 18
  2.3　位、字节的概念 ·· 19
      2.3.1　位的概念 ··· 19
      2.3.2　字节的概念 ·· 19
  2.4　编码的概念 ·· 20
      2.4.1　BCD 码和 ASCII 码 ·· 20
      2.4.2　汉字的编码 ·· 21
      2.4.3　校验码编码 ·· 22

本章小结 ……………………………………………………………………… 23
　　习题 ………………………………………………………………………… 23
　　实践作业 2 ………………………………………………………………… 25
第 3 章　单片机体系结构 ………………………………………………………… 27
　3.1　MCS-51 单片机内部结构 ………………………………………………… 27
　　3.1.1　MCS-51 单片机的内部结构概述 …………………………………… 27
　　3.1.2　MCS-51 单片机的引脚及功能 ……………………………………… 28
　3.2　CPU 及总线 ………………………………………………………………… 29
　　3.2.1　CPU ……………………………………………………………………… 29
　　3.2.2　总线 …………………………………………………………………… 31
　3.3　存储器 ……………………………………………………………………… 31
　　3.3.1　只读存储器 ROM ……………………………………………………… 32
　　3.3.2　随机存储器 RAM ……………………………………………………… 34
　　3.3.3　MCS-51 单片机的 ROM 与 RAM ……………………………………… 35
　3.4　单片机 I/O 接口 …………………………………………………………… 40
　3.5　单片机中断系统 …………………………………………………………… 43
　　3.5.1　单片机的中断源 ……………………………………………………… 44
　　3.5.2　中断允许寄存器 ……………………………………………………… 44
　　3.5.3　中断优先级寄存器 …………………………………………………… 45
　　3.5.4　中断标志及控制寄存器 ……………………………………………… 46
　　3.5.5　中断响应 ……………………………………………………………… 47
　3.6　单片机定时器/计数器 ……………………………………………………… 47
　　3.6.1　51 单片机定时器/计数器结构及原理 ……………………………… 48
　　3.6.2　定时器/计数器的控制 ……………………………………………… 49
　　本章小结 ……………………………………………………………………… 53
　　习题 ………………………………………………………………………… 53
　　实践作业 3 ………………………………………………………………… 55
第 4 章　单片机指令系统 ………………………………………………………… 57
　4.1　汇编语言 …………………………………………………………………… 57
　　4.1.1　汇编语言简介 ………………………………………………………… 57
　　4.1.2　汇编语句格式 ………………………………………………………… 58
　4.2　寻址方式 …………………………………………………………………… 59
　4.3　指令系统 …………………………………………………………………… 61
　　4.3.1　数据传送类指令 ……………………………………………………… 61
　　4.3.2　算术运算类指令 ……………………………………………………… 65
　　4.3.3　逻辑运算类指令 ……………………………………………………… 69
　　4.3.4　控制转移类指令 ……………………………………………………… 70
　　4.3.5　位操作类指令 ………………………………………………………… 73

4.4 汇编系统 ··· 75
　4.4.1 源程序的编辑 ·· 75
　4.4.2 源程序的汇编 ·· 75
　4.4.3 伪指令 ··· 75
本章小结 ·· 77
习题 ·· 77
实践作业 4 ·· 79

第 5 章 单片机 C 语言基础 ··· 81
5.1 单片机 C 语言基础知识 ··· 82
　5.1.1 标识符和关键字 ·· 82
　5.1.2 C51 数据类型 ·· 82
　5.1.3 常量与变量 ·· 84
5.2 C51 运算符和表达式 ·· 87
　5.2.1 算术运算符 ·· 87
　5.2.2 关系运算符 ·· 87
　5.2.3 逻辑运算符 ·· 88
　5.2.4 布尔"位"运算符 ·· 88
　5.2.5 赋值运算符 ·· 88
　5.2.6 递增/递减运算符 ··· 89
　5.2.7 运算符的优先级 ·· 89
5.3 C51 流程控制 ·· 89
　5.3.1 顺序结构 ·· 90
　5.3.2 选择结构 ·· 90
　5.3.3 循环结构 ·· 92
5.4 C51 数组与字符串 ··· 92
　5.4.1 一维数组 ·· 92
　5.4.2 字符串 ··· 93
5.5 C51 函数与中断子程序 ··· 94
5.6 C51 头文件 ··· 95
　5.6.1 "文件包含"处理概念 ·· 95
　5.6.2 寄存器地址及位地址声明 ·· 95
本章小结 ·· 96
习题 ·· 97
实践作业 5 ·· 99

第 6 章 CPU 时序与单片机最小系统 ······································ 101
6.1 CPU 时序 ·· 101
　6.1.1 机器周期 ·· 101
　6.1.2 常用时序 ·· 102

6.2 单片机最小系统 103
　　6.2.1 电源电路 103
　　6.2.2 复位电路 103
　　6.2.3 时钟电路 104
　　6.2.4 单片机最小系统 105
6.3 单片机节电方式 105
　　6.3.1 单片机的节电方式 105
　　6.3.2 电源控制寄存器 PCON 106
本章小结 107
习题 107
实践作业 6 109

第 2 部分　单片机应用的典型模块

第 7 章　控制 LED 112
7.1 LED 基本原理 112
　　7.1.1 LED 简介 112
　　7.1.2 LED 发光原理 112
　　7.1.3 LED 工作原理 113
　　7.1.4 LED 封装形式 114
7.2 LED 应用实践 114
　　7.2.1 任务：点亮一个 LED 114
　　7.2.2 任务：控制 8 个 LED 闪烁 117
　　7.2.3 任务：控制 LED 流水灯 120
　　7.2.4 工程实践任务：花样霓虹灯 123
　　7.2.5 任务：用定时器实现 8 个 LED 定时交替闪烁 126
本章小结 129
习题 130
实践作业 7 131

第 8 章　控制数码管 133
8.1 数码管基本原理 133
　　8.1.1 数码管类型 133
　　8.1.2 数码管工作原理 134
　　8.1.3 数码管字形编码 134
8.2 数码管显示方式 135
　　8.2.1 数码管静态显示 135
　　8.2.2 数码管动态显示 135
8.3 数码管应用实践 136
　　8.3.1 任务：单个数码管显示数字 6 136

            8.3.2 任务：单个数码管循环显示数字 0～9 ·················· 138
            8.3.3 任务：两位数码管动态显示 00～99 ·················· 139
            8.3.4 任务：8 位数码管动态显示指定字符 ·················· 141
            8.3.5 工程实践任务：8 位数码管滚动显示字符 ·················· 144
    本章小结 ·················· 146
    习题 ·················· 146
    实践作业 8 ·················· 147

第 9 章 控制按键开关 149
    9.1 按键基本原理 ·················· 149
            9.1.1 按键结构 ·················· 149
            9.1.2 按键去抖动 ·················· 150
    9.2 矩阵式键盘 ·················· 151
            9.2.1 矩阵式键盘结构 ·················· 151
            9.2.2 矩阵式键盘的工作原理 ·················· 152
    9.3 按键应用实例 ·················· 153
            9.3.1 任务：4 个独立按键状态的 LED 显示 ·················· 153
            9.3.2 任务：单个数码管显示独立按键次数 ·················· 156
            9.3.3 任务：中断控制流水灯闪烁 ·················· 157
            9.3.4 任务：数码管显示矩阵式键盘按键号 ·················· 160
    本章小结 ·················· 163
    习题 ·················· 164
    实践作业 9 ·················· 165

第 10 章 声音控制电路 167
    10.1 蜂鸣器概述 ·················· 167
    10.2 蜂鸣器的应用 ·················· 168
            10.2.1 任务：蜂鸣器发声 1 ·················· 168
            10.2.2 任务：蜂鸣器发声 2 ·················· 170
            10.2.3 任务：蜂鸣器变频报警 ·················· 171
            10.2.4 任务：播放音乐 ·················· 173
    本章小结 ·················· 175
    习题 ·················· 175
    实践作业 10 ·················· 177

第 11 章 点阵控制电路 179
    11.1 点阵概述 ·················· 179
    11.2 点阵工作原理 ·················· 180
    11.3 点阵应用 ·················· 181
            11.3.1 任务：LED 点阵显示器稳定显示指定图形 ·················· 181
            11.3.2 任务：LED 点阵显示器稳定显示多个字符 ·················· 183

　　　　11.3.3　任务：LED点阵显示器滚动显示多个字符 …………………… 185
　　本章小结 ………………………………………………………………………… 187
　　习题 ……………………………………………………………………………… 187
　　实践作业 11 ……………………………………………………………………… 189
第 12 章　液晶显示控制电路 …………………………………………………………… 191
　　12.1　LCD1602 液晶显示模块概述 ……………………………………………… 191
　　12.2　LCD1602 液晶显示模块编程控制 ………………………………………… 192
　　12.3　液晶显示控制电路应用实例 ……………………………………………… 197
　　本章小结 ………………………………………………………………………… 201
　　习题 ……………………………………………………………………………… 201
　　实践作业 12 ……………………………………………………………………… 203
第 13 章　步进电动机控制应用 ………………………………………………………… 205
　　13.1　步进电动机 ………………………………………………………………… 205
　　　　13.1.1　步进电动机的简介 ……………………………………………… 205
　　　　13.1.2　步进电动机控制技术及发展概况 ……………………………… 206
　　　　13.1.3　步进电动机的分类 ……………………………………………… 206
　　　　13.1.4　步进电动机的特点 ……………………………………………… 206
　　13.2　步进电动机的结构和工作原理 …………………………………………… 207
　　　　13.2.1　步进电动机的结构 ……………………………………………… 207
　　　　13.2.2　步进电动机的工作原理 ………………………………………… 208
　　　　13.2.3　步进电动机的步进方式 ………………………………………… 209
　　13.3　步进电动机应用实例 ……………………………………………………… 210
　　本章小结 ………………………………………………………………………… 214
　　习题 ……………………………………………………………………………… 214
　　实践作业 13 ……………………………………………………………………… 215
第 14 章　串行口通信控制电路 ………………………………………………………… 217
　　14.1　数据通信基础 ……………………………………………………………… 217
　　14.2　串行通信的分类 …………………………………………………………… 218
　　　　14.2.1　按通信方式分类 ………………………………………………… 218
　　　　14.2.2　按数据传送方向分类 …………………………………………… 219
　　14.3　电平转换电路 ……………………………………………………………… 220
　　14.4　MCS-51 单片机的串行口 …………………………………………………… 222
　　　　14.4.1　MCS-51 串行口通信结构 ………………………………………… 222
　　　　14.4.2　串行口控制寄存器 ……………………………………………… 223
　　　　14.4.3　串行通信工作方式 ……………………………………………… 224
　　　　14.4.4　波特率设计 ……………………………………………………… 226
　　14.5　串行口调试助手简介 ……………………………………………………… 229
　　14.6　串行口通信应用实例 ……………………………………………………… 230

14.6.1 任务：单片机与PC之间的通信 230
14.6.2 任务：单片机与单片机相互通信 234
本章小结 237
习题 237
实践作业14 239

第3部分 综合实例

第15章 电子钟的仿真设计 242
15.1 设计说明 242
15.2 硬件设计 243
15.3 软件设计 244
15.3.1 DS1302有关日历、时间的寄存器 244
15.3.2 DS1302读/写时序 245
15.3.3 DS1302的数据读/写 245
本章小结 249
习题 249
实践作业15 251

第16章 直流电动机调速系统仿真设计 253
16.1 设计说明 253
16.1.1 L298N介绍 253
16.1.2 L298N对直流电动机控制 253
16.1.3 L298N使用注意事项 255
16.2 硬件设计 255
16.3 软件设计 256
本章小结 258
习题 258
实践作业16 259

第17章 红外电子体温枪的设计与制作 261
17.1 设计说明 261
17.1.1 红外测温原理 261
17.1.2 系统总体设计 262
17.2 硬件设计 263
17.2.1 单片机最小系统设计 263
17.2.2 红外测温及报警模块 264
17.2.3 液晶显示模块 265
17.2.4 红外电子体温枪硬件清单及成品 265
17.3 软件设计 266
17.3.1 主程序模块的设计 266

17.3.2　红外测温程序模块 …………………………………………………… 267
　本章小结 …………………………………………………………………………… 279
　习题 ………………………………………………………………………………… 279
　实践作业 17 ………………………………………………………………………… 281
参考文献 ……………………………………………………………………………… 283
附录 A　ASCII 字符表 ……………………………………………………………… 284
附录 B　Proteus 仿真软件简介 …………………………………………………… 286
附录 C　Keil C51 软件介绍 ………………………………………………………… 287
附录 D　STC 系列单片机下载软件介绍 …………………………………………… 288

第1部分　单片机原理与结构

本部分包括单片机概述、数字电路基础、单片机体系结构、单片机指令系统、单片机C语言基础、CPU时序与单片机最小系统等内容。通过本部分的学习,让学生对单片机的原理、结构有较为系统的了解和掌握,为后续单片机实例开发打下理论基础。

本部分知识以理论为主,概念多且抽象,初学者在学习时往往会觉得比较枯燥,知识点多且不容易记住。建议在讲解本部分内容时,以学生了解整体框架为目标,重点掌握第3章。对具体的知识点,在后面实例中用到时再回过头查找复习。

第 1 章　单片机概述

> **学习目标**
> （1）了解单片机的概念。
> （2）了解单片机的分类及应用领域。
> （3）学会通过网络查找单片机型号、厂家的官网、技术手册、行业发展等资料。
> （4）养成关注技术发展的意识和习惯。

电子计算机被称为 20 世纪最伟大的发明，自 1946 年美国宾夕法尼亚大学研制成功世界第一台计算机 ENIAC(electronic numerical integrator and computer，电子数字积分计算机)以来，电子计算机经历了快速发展，对整个人类的科技发展、生活方式等产生了深刻的影响。作为计算机的一个分支，单片机自产生以来，一直快速发展，广泛应用于工业控制、智能仪表等各个方面。

本章主要介绍单片机的基本概念、发展历史、分类、应用领域等知识。

1.1　什么是单片机

单片机是单片微型计算机(single chip microcomputer，SCM)的简称，它是把组成微型计算机的各部件，包括中央处理器、存储器、输入/输出接口、定时/计数器等，制作在一块集成电路芯片中，构成一台完整的微型计算机。单片机的主要任务是面向控制，因此又称为微控制器(micro controller unit，MCU)。在国际上，正逐渐用 MCU 代替 SCM 这一名称。

什么是单片机

单片机作为微型计算器的一个重要分支，它的发展和应用越来越引起人们的重视。到目前为止，世界各大半导体公司推出的单片机已有几十个系列的几百个品种，比较著名的有 Intel 公司的 MCS-51 系列单片机及其兼容产品、Atmel 公司的 AVR 系列单片机、Microchip 公司的 PIC 系列、德州仪器(TI)公司的 MSP430 系列、ARM 公司的 Cortex-M0、Cortex-M3 系列等。

尽管单片机品种、系列繁多，但其基本原理有许多相近之处。本书主要以目前我国 8 位单片机中应用最广泛的 MCS-51 系列为例，讲述其结构、原理、编程和应用。

1.2　单片机的发展历史及分类

1.2.1　单片机的发展历史

自 1970 年以来，单片机的发展趋势一直非常迅猛，特别是近年来 32 位单片机的高速发展使多数高智能化设备(如 MP3、智能家电等)在生活中普及。若以 8 位单片机的推出为起点,那么单片机的发展大致可分为以下四个阶段。

第一阶段(1976—1978 年):单片机初级阶段。这一阶段以 Intel 公司的 MCS-48 系列为代表。这个系列的单片机内集成有 8 位 CPU、I/O 接口、8 位定时器/计数器,寻址范围不大于 4KB,有简单的中断功能,无串行接口。

第二阶段(1978—1982 年):单片机完善阶段。在这一阶段推出的单片机其功能有较大的加强,能够应用于更多的场合。这个阶段的单片机普遍带有串行 I/O 口、有多级中断处理系统、16 位定时器/计数器,片内集成的 RAM、ROM 容量加大,寻址范围可达 64KB。一些单片机片内还集成了 A/D 转换接口。这类单片机的典型代表有 Intel 公司的 MCS-51 系列、Motorola 公司的 6801 系列和 Zilog 公司的 Z8 系列等。

第三阶段(1982—1992 年):8 位单片机巩固发展及 16 位高级单片机发展阶段。在此阶段,尽管 8 位单片机的应用已广泛普及,但为了更好地满足测控系统的嵌入式应用的要求,单片机集成的外围接口电路有了更大的扩充。这个阶段单片机的代表为 MCS-51 系列的 8051,许多半导体公司和生产厂家以其为内核,推出了满足各种嵌入式应用的多种类型和型号的单片机。其主要技术发展如下。

(1) 外围功能集成了满足模拟量直接输入的 ADC 接口、满足伺服驱动输出的 PWM、保证程序可靠运行的程序监控定时器 WDT(俗称看门狗电路)。

(2) 出现了为满足串行外围扩展要求的串行扩展总线和接口,如 SPI、I^2C Bus、单总线(1-Wire)等。

(3) 出现了为满足分布式系统,突出控制功能的现场总线接口,如 CAN Bus 等。

(4) 在程序存储器方面广泛使用了片内程序存储器技术,出现了片内集成 EPROM、EEPROM、Flash ROM 以及 Mask ROM、OTP ROM 等各种类型的单片机,以满足不同产品的开发和生产的需要,也为最终取消外部程序存储器扩展奠定了良好的基础。与此同时,一些公司面向更高层次的应用,推出了 16 位的单片机,典型代表有 Intel 公司的 MCS-96 系列的单片机。

第四阶段(1993 年至今):百花齐放阶段。现阶段单片机发展的显著特点是百花齐放、技术创新,以满足日益增长的广泛需求。主要包括以下几个方面。

(1) 单片机嵌入式系统的应用是面向底层的电子技术应用,从简单的玩具、小家电到复杂的工业控制系统、智能仪表、电器控制以及发展到机器人、个人通信信息终端、机顶盒等。因此,面对不同的应用对象,不断推出适合不同领域要求的,从简易性能到多功能、全功能的单片机系列。

(2) 大力发展专用型单片机。早期的单片机是以通用型为主。由于单片机设计生产技术的提高、周期缩短、成本下降,以及许多特定类型电子产品的出现,如家电类产品的巨大市场需求能力,推动了专用单片机的发展。在这类产品中采用专用单片机,具有成本低、资源有效利用、系统外围电路少、可靠性高的优点。因此,专用单片机也是单片机发展的一个主要方向。

(3) 致力于提高单片机的综合品质。采用更先进的技术来提高单片机的综合品质,如提高 I/O 口的驱动能力、增加抗静电和抗干扰措施、宽(低)电压、降低功耗等。

1.2.2 单片机的分类

单片机经过几十年的发展,至今已经有几十个品种,几百种型号,要弄清它们不太容易,现将当前国际上主流的单片机厂商和产品介绍如下。

1. MCS-51 系列

人们常说的 51 系列单片机,特指 Intel 公司的 MCS-51 系列单片机,泛指所有与 51 内核相同的兼容机。51 单片机最初是由 Intel 公司开发设计的,但后来 Intel 公司把 51 核的设计方案卖给了各大电子设计生产商,如 SST、Philip、Atmel、STC 等公司。如今市面上各大电子生产商推出的各式各样的以 51 为内核的单片机,都兼容 51 指令,虽然在 51 的基础上扩展了一些功能,但内部结构仍是与 51 一致的。

中国台湾宏晶科技的 STC 系列单片机完全兼容 51 单片机,并有其独到之处,其抗干扰性强,加密性强,超低功耗,可以远程升级,内部有 MAX810 专用复位电路,价格也较便宜,由于这些特点使得 STC 系列单片机的应用日趋广泛。其低廉的价格使其成为学习 51 系列单片机的首选,本书选择以 STC89C52RC 单片机作为讲解实例。

2. Atmel 单片机

Atmel 公司为全球性的业界领先企业,致力于设计和制造各类微控制器、电容式触摸解决方案、先进逻辑、混合信号、非易失性存储器和射频(RF)元件。凭借业界最广泛的知识产权(IP)技术组合之一,Atmel 为电子行业提供针对工业、消费、安全、通信、计算和汽车市场的全面的系统解决方案。Atmel 在单片机领域的知名产品有 AT89S51 系列和 AVR 系列。

AT89S51 是一个低功耗、高性能 CMOS 8 位单片机,片内含 4KB 可反复擦写 1000 次的 Flash 只读程序存储器,器件采用 Atmel 公司的高密度、非易失性存储技术制造,兼容标准 MCS-51 指令系统及 80C51 引脚结构,芯片内集成了通用 8 位中央处理器和 ISPFlash 存储单元,功能强大的微型计算机的 AT89S51 可为许多嵌入式控制应用系统提供高性价比的解决方案。

AVR 单片机是 Atmel 公司 1997 年推出的 RISC 单片机。RISC(精简指令系统计算机)是相对于 CISC(复杂指令系统计算机)而言的。RISC 并非只是简单地去减少指令,而是通过使计算机的结构更加简单合理而提高运算速度。RISC 优先选取使用频率最高的简单指令,避免复杂指令,并固定指令宽度,减少指令格式和寻址方式的种类,从而缩短指令周期,提高运行速度。由于 AVR 采用了 RISC 的这种结构,使 AVR 系列单片机都具备了 1MIPS/MHz(百万条指令每秒/兆赫兹)的高速处理能力。

STM32 入门

3. ARM 系列单片机

严格来说,ARM 不是一款单片机,而是一种微处理器内核。ARM 的显著特点是速度快、功耗低、功能强、价格低,具有业界公认的世界领先、最受欢迎的 32 位嵌入式 RISC(reduced instruction set computer)处理器结构。因此,ARM 在移动通信、可视电话、信息家电、掌上电脑、TV 机顶盒、数码照相机、摄像机等控制及算法相对复杂、数据存储量及处理量较大、事务调度能力和实时性要求较高的场合,获得了极为广泛的应用,而且应用范围必将越来越广泛。

ARM 公司并不直接生产芯片,而是将设计方案授权给各大芯片厂商生产,如 NXP、ST、苹果、Freescale 等。

4. Microchip 单片机

Microchip 是美国微芯科技公司(Microchip Technology Incorporated)的简称,是全球领先的单片机和模拟半导体供应商。其两大拳头产品是 PIC 系列 8 位单片机和高品质的串行 EEPROM。

PIC 系列单片机主要有 16C 系列和 17C 系列 8 位单片机,CPU 采用 RISC 结构,分别仅有 33、35、58 条指令,采用 Harvard 双总线结构,运行速度快,工作电压低,功耗低,输入/输出直接驱动能力较大,价格低,能一次性编程,体积小;适用于用量大、档次低、对价格敏感的产品;在办公自动化设备、消费类电子产品、通信、智能化仪器仪表、汽车电子、金融电子、工业控制等不同领域都有广泛的应用。PIC 系列单片机在世界单片机市场份额排名中逐年提高,发展非常迅速。

5. TI 单片机

TI 是德州仪器(Texas Instruments)的简称,总部位于美国得克萨斯州的达拉斯,为现实世界的信号处理提供创新的数字信号处理(DSP)及模拟器件技术。除半导体业务外,TI 还提供包括传感与控制、教育产品和数字光源处理解决方案。

TI 单片机的典型代表是 MSP430 系列单片机。该系列单片机是一个 16 位的单片机,采用了精简指令集(RISC)结构,具有丰富的寻址方式(7 种源操作数寻址、4 种目的操作数寻址)、简洁的 27 条内核指令和大量的模拟指令,大量的寄存器和片内数据存储器都可参加多种运算,还有高效的查表处理指令。这些特点保证了可编制出高效率的源程序,具有功耗超低、处理能力强、片内资源丰富等特点。

除上面介绍的外,还有很多知名的单片机生产厂商,如美国的 Freescale 公司、NS 公司、Zilog 公司、SST 公司,荷兰的 NXP 公司,日本的 NEC 公司、东芝公司、Epson 公司、富士通(Fujitsu)公司、日立(Hitachi)公司,韩国的 LG 公司、三星公司,德国的英飞凌(Infineon)公司等。这些单片机厂商生产的品种繁多,表 1-1 列出了一些主要厂商的 51 系列单片机及其应用领域。

表 1-1 一些主要厂商的 51 系列单片机及其应用领域

公司	系列	型号	特点	公司标志
Intel	MCS-51 系列	8051、87C252 等	51 系列的典型,4KB ROM、128KB RAM、CISC 指令集	intel
Philips	LPC900 系列	LPC9102、LPC9103 等	体积小,功能强,CISC 指令集	PHILIPS
Atmel	51 系列	AT89S51、AT89S52 等	基于 51 核心开发,低功耗,稳定性高	ATMEL

续表

公司	系列	型号	特点	公司标志
STC	STC89、STC12、STC15 系列	STC89C52、STC12C5A60S2 等	兼容51单片机,价格低	STCmicro
Microchip	PIC10、PIC16 系列等	PIC1F200、PIC12F200、PIC16F1824 等	稳定性高,性价比高,种类多,针对性强	MICROCHIP
NEC	78K 系列	UPD78F0531、UPD78F0535 等	高性能、高性价比	NEC

1.2.3 单片机的封装

封装是将集成电路密封保护起来,硅片上的接点通过导线接到外部引脚,这些引脚通过电路板与其他元器件进行连接,从而实现内部电路与外部电路的连接。封装形式是指安装半导体集成电路芯片用的外壳,根据不同的应用需求可选择不同的封装形式。MCS-51 单片机的常用封装形式如图 1-1 所示。

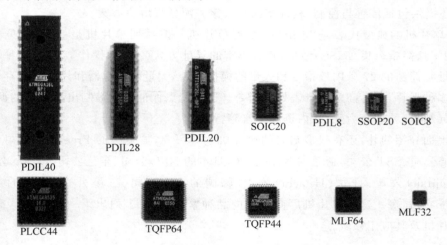

图 1-1 MCS-51 单片机的常用封装形式

单片机的应用领域

1.3 单片机的应用领域

单片机具有体积小、质量轻、价格廉、功耗低、性价比高等特点,同时其数据大都在单片机内部传送,因此运行速度快、抗干扰能力强、可靠性高。而且每一种单片机都是一个系列,包括若干个品种,结构灵活,易于组成各种微机应用系统,所以它在国民经济、军事及家用电器等领域均得到了广泛的应用。单片机的主要应用领域如下。

1. 智能化家用电器

各种家用电器普遍采用单片机智能化控制代替传统的电子线路控制,如洗衣机、空调器、电视机、录像机、微波炉、电冰箱、电饭煲以及各种视听设备等。

2. 办公自动化设备

现代办公设备大多嵌入了单片机,如打印机、复印机、传真机、扫描仪、绘图机、考勤机、电话以及通用计算机中的键盘译码、磁盘驱动等。

3. 商业营销设备

商业营销系统中已广泛使用的电子秤、收款机、条形码阅读器、IC卡刷卡机、出租车计价器以及仓储安全监测系统、商场保安系统、空气调节系统、冷冻保鲜系统等设备都采用了单片机控制。

4. 工业自动化控制

工业自动化控制是最早采用单片机控制的领域之一,如各种测控系统、过程控制、机电一体化、PLC等。在化工、建筑、冶金等各种工业领域都要用到单片机进行控制。

5. 智能化仪表

采用单片机的智能化仪表可以大大提升仪表的档次,强化其功能,如数据处理和存储、故障诊断、联网控制等。

6. 汽车电子产品

现代汽车的集中显示系统、动力监测控制系统、自动驾驶系统、通信系统和运行监视器等电子产品都离不开单片机。

此外,单片机在航空航天系统、国防军事、尖端武器等领域也有广泛应用。图1-2展示了打印机、电饭煲和洗衣机等生活中常见的单片机产品。

图1-2 生活中常见的单片机产品

本 章 小 结

单片机的品牌众多,产品型号非常复杂,应用领域非常广泛。本章介绍了当前主要单片机的一些品牌和型号,也介绍了单片机的主要应用领域。

习　　题

1. 填空题

(1) 单片机又经常被称为_____。

(2) 单片机通常包括_____、_____、_____、_____等部分。

(3) MCS-51 系列单片机是_____位单片机。
(4) 单片机按位通常分为_____位、_____位和_____位。
(5) 单片机应用系统是由硬件系统和_____组成的。

2. 简答题

观察身边的电子产品,哪些包含单片机?简要说明单片机在这些电子产品中的作用。

实践作业 1　查找 STC 系列主流产品芯片型号

班级		学号		姓名	
任务要求	登录 STC 官网，查找 STC 系列主流产品芯片型号，下载 STC89C52 数据手册（datasheet）。				
实施过程					

第 2 章　数字电路基础

> **学习目标**
> (1) 掌握数制及其转换方法。
> (2) 掌握基本逻辑门电路。
> (3) 了解三态门、寄存器、锁存器等典型数字电路。
> (4) 了解编码的概念。

单片机是一种典型的数字电路产品,其内部结构及外部接口电路绝大部分都是数字电路。因此,本章将数字电路的基本知识进行简要的回顾。

2.1　数制及其转换

2.1.1　数制

数制即用来记数的方法,最常见的是十进制数。所谓十进制数,就是"逢十进一",基数为"0、1、2、3、4、5、6、7、8、9",权为 10。例如,数 256.25 可表示为

$$256.25 = 2\times 10^2 + 5\times 10^1 + 6\times 10^0 + 2\times 10^{-1} + 2\times 10^{-2}$$

以此类推,二进制数为"逢二进一",基数为"0、1",权为 2。例如,数 10110010.01 可表示为

$$10110010.01 = 1\times 2^7 + 0\times 2^6 + 1\times 2^5 + 1\times 2^4 + 0\times 2^3 + 0\times 2^2 \\ + 1\times 2^1 + 0\times 2^0 + 0\times 2^{-1} + 1\times 2^{-2}$$

十六进制数为"逢十六进一",基数为"0、1、2、3、4、5、6、7、8、9、A、B、C、D、E、F",权为 16。例如,数 1A2.5 可表示为

$$1A2.5 = 1\times 16^2 + 10\times 16^1 + 2\times 16^0 + 5\times 16^{-1}$$

八进制数为"逢八进一",基数为"0、1、2、3、4、5、6、7、8",权为 8。例如,数 317.2 可表示为

$$317.2 = 3\times 8^2 + 1\times 8^1 + 7\times 8^0 + 2\times 8^{-1}$$

在表示不同数制时,为了避免混淆,常在数的后面加上不同的符号来表示,如二进制后加 B,十六进制数后加 H,八进制数后加 Q(本应该加 O,但 O 易与 0 混淆),十进制数则什么也不加。单片机在实际应用过程中对小数的处理较少,所以后面的介绍过程中主要介绍各数制的整数部分,小数部分请参阅其他数字电路书籍。

2.1.2 数制间的转换

在单片机开发过程中常需要将不同数制之间进行转换,常用的转换有二进制数和十进制数之间的转换,二进制数和十六进制数、八进制数之间的转换。

1. 将其他进制数转换成十进制数

将其他进制数转换成十进制数只需要按照该数值的基数和权进行加权求和就行,如二进制数转换为十进制数。

$$10110010 = 1\times 2^7 + 0\times 2^6 + 1\times 2^5 + 1\times 2^4 + 0\times 2^3 + 0\times 2^2 + 1\times 2^1 + 0\times 2^0$$
$$= 128 + 32 + 16 + 2 = 178$$

其他数制以此类推,不再赘述。

2. 十进制整数转换成二进制整数

将十进制整数转换成二进制整数的方法称为"除基取余"。例如,将 58 转换成二进制数可用如图 2-1 所示的方法。

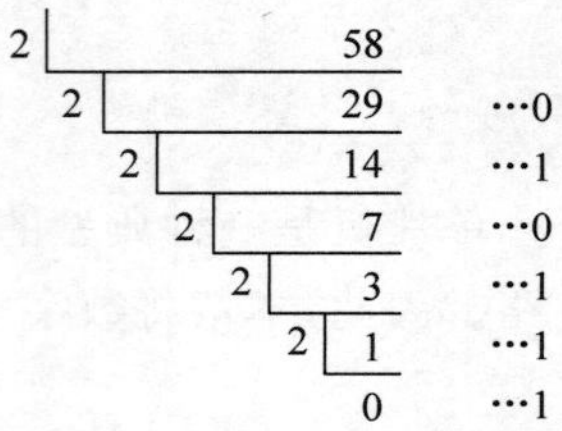

将余数从下向上组合起来即可得到相应的二进制数,即 111010B。

上述"除基取余"法在使用过程中比较麻烦,在实际应用中常用一种试凑的方法,即利用常用 2 的整数次幂,见表 2-1,然后根据所转换数的大小进行试凑。

图 2-1 除基取余示意图

表 2-1 常用 2 的次幂

2 的次幂	对 应 数 值	2 的次幂	对 应 数 值
2^0	1	2^6	64
2^1	2	2^7	128
2^2	4	2^8	256
2^3	8	2^9	512
2^4	16	2^{10}	1024
2^5	32	2^{16}	65536

例如,将 58 转换成二进制数可这样进行:首先 $2^5 < 58 < 2^6$,所以整个二进制数肯定是 6 位,所以先列个权值表格,见表 2-2。首先在权值 5 下填入 1,因为权为 5,所以该填入的 1 代表 $2^5 = 32$,将 $58-32=26$,即为剩余要试凑的数,因为 $2^4 < 26 < 2^5$,所以在权值 4 下填入 1,代表 $2^4 = 16$,将 $26-16=10$,即为剩余要试凑的数,通过表 2-1 可看出 $10 = 2^3 + 2^1$,所以在 3 和 1 权值下各填入一个 1,其他为 0 即可得到所要转换的二进制数。试凑法对于数值不大的二进制数比较方便,如果数值太大,则可借助计算器来完成。

表 2-2 二进制数权值表

权值	5	4	3	2	1	0
待填入的数	1	1	1	0	1	0

3. 二进制数转换成十六进制数

因为二进制数书写较长,所以在很多场合通常用十六进制数表示,二进制数和十六进制数的转换比较简单,四位二进制数正好可以转换成一位十六进制数,见表 2-3。因此只需要按照这样的规律即可方便地进行转换,例如:

$$100010011101B = 89DH$$
$$7A2H = 011110100010B$$

表 2-3 常用十进制数、十六进制数和二进制数转换表

十进制数	十六进制数	二进制数	十进制数	十六进制数	二进制数
0	0	0000	8	8	1000
1	1	0001	9	9	1001
2	2	0010	10	A	1010
3	3	0011	11	B	1011
4	4	0100	12	C	1100
5	5	0101	13	D	1101
6	6	0110	14	E	1110
7	7	0111	15	F	1111

4. 二进制数转换成八进制数

在实际应用中,八进制数用得较少,二进制数和八进制数间的转换和十六进制数原理相同,三位二进制数正好可以转换成一位八进制数,见表 2-4。具体转换方法同上,不再赘述。

表 2-4 常用十进制数、八进制数和二进制数转换表

十进制数	八进制数	二进制数	十进制数	八进制数	二进制数
0	0	000	4	4	0100
1	1	001	5	5	0101
2	2	010	6	6	0110
3	3	011	7	7	0111

2.2 常用逻辑门电路

在逻辑代数中,有与、或、非三种基本的逻辑运算。

2.2.1 三种基本逻辑门电路

1. 与运算

与运算的表达式为 $L = A \cdot B$,其真值表见表 2-5,与运算的规则为"输入有 0,输出为 0;输入全 1,输出为 1"。数字电路中能实现与运算的电路称为与门电路,其逻辑符号如图 2-2 所示。

表 2-5　与运算真值表

A	B	L
0	0	0
0	1	0
1	0	0
1	1	1

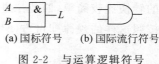

(a) 国标符号　　(b) 国际流行符号

图 2-2　与运算逻辑符号

2．或运算

或运算的表达式为 $L=A+B$，其真值表见表 2-6，或运算的规则为："输入有 1，输出为 1；输入全 0，输出为 0"。数字电路中能实现或运算的电路称为或门电路，其逻辑符号如图 2-3 所示。

表 2-6　或运算真值表

A	B	L
0	0	0
0	1	1
1	0	1
1	1	1

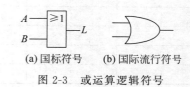

(a) 国标符号　　(b) 国际流行符号

图 2-3　或运算逻辑符号

3．非运算

非运算的表达式为 $L=\overline{A}$，其真值表见表 2-7，非运算的规则为："输入为 0，输出为 1；输入为 1，输出为 0"。数字电路中能实现非运算的电路称为非门电路，其逻辑符号如图 2-4 所示。

表 2-7　非运算真值表

A	L
0	1
1	0

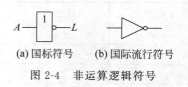

(a) 国标符号　　(b) 国际流行符号

图 2-4　非运算逻辑符号

2.2.2　常用复合逻辑门

1．与非运算

与非运算的表达式为 $L=\overline{AB}$，其真值表见表 2-8，是与门与非门的结合，其逻辑符号如图 2-5 所示。

表 2-8　与非运算真值表

A	B	L
0	0	1
0	1	1
1	0	1
1	1	0

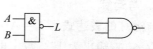

(a) 国标符号　　(b) 国际流行符号

图 2-5　与非运算逻辑符号

2. 或非运算

或非运算的表达式为 $L=\overline{A+B}$，其真值表见表 2-9，是或门与非门的结合，其逻辑符号如图 2-6 所示。

表 2-9　或非运算真值表

A	B	L
0	0	1
0	1	0
1	0	0
1	1	0

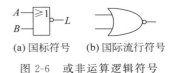

(a) 国标符号　　(b) 国际流行符号

图 2-6　或非运算逻辑符号

3. 异或运算

异或运算的逻辑表达式为 $L=A\oplus B=\overline{A}B+A\overline{B}$，其真值表见表 2-10，其逻辑功能为"若两个输入变量的值相异，输出为 1，否则为 0"，其逻辑符号如图 2-7 所示。

表 2-10　异或运算真值表

A	B	L
0	0	0
0	1	1
1	0	1
1	1	0

(a) 国标符号　　(b) 国际流行符号

图 2-7　异或运算逻辑符号

4. 同或运算

同或运算的逻辑表达式为 $L=A\odot B=\overline{A}\overline{B}+AB$，其真值表见表 2-11，其逻辑功能为"若两个输入变量的值相同，输出为 1，否则为 0"，与异或正好相反，其逻辑符号如图 2-8 所示。

表 2-11　同或运算真值表

A	B	L
0	0	1
0	1	0
1	0	0
1	1	1

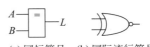

(a) 国标符号　　(b) 国际流行符号

图 2-8　同或运算逻辑符号

2.2.3　传送门

1. 三态门

与前面的逻辑门电路不同，三态门输出除有高、低电平两种状态外，还有第三种状态——高阻状态(相当于断开状态)，它常用于单片机系统中对总线的控制。

三态门常见的两种逻辑符号如图 2-9 所示。当使能端 $\overline{E}$ 为低电平时，三态门按正常的逻辑关系输

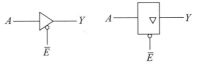

图 2-9　三态门的逻辑符号

出 0 或 1。当使能端 $\overline{E}$ 为高电平时，三态门的输出呈高阻状态。

2. 单向数据传送门

多个三态门并列排列，并将它们的使能端连接在一起，就可以构成一个单向数据传送门。图 2-10 所示为一个 4 位的单向数据传送门。

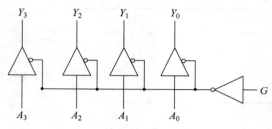

图 2-10　单向数据传送门

当控制端 G 为高电平时，此时各三态门的使能端为低电平。$A_0 \sim A_3$ 的数据将分别传送到 $Y_0 \sim Y_3$。当控制端 G 为低电平时，此时各三态门的使能端为高电平，输出端 $Y_0 \sim Y_3$ 变成高阻状态。

3. 双向数据传送门

按图 2-11 所示可以将 8 个三态门组合成一个四位的双向数据传送门。当控制端 G 为低电平时，此时各三态门的使能端为高电平，输出端 $A_0 \sim A_3$ 和 $B_0 \sim B_3$ 均呈高阻状态。当控制端 G 为高电平时，DS 端为低电平时，AB 方向的门被打开，$A_0 \sim A_3$ 的数据将分别传送到 $B_0 \sim B_3$。当控制端 G 为高电平时，DS 端为高电平时，BA 方向的门被打开，$B_0 \sim B_3$ 的数据将分别传送到 $A_0 \sim A_3$。

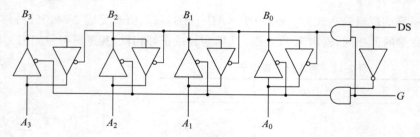

图 2-11　双向数据传送门

2.2.4　译码器

译码是编码的逆过程。译码器的功能是将具有特定含义的二进制码进行识别，并转换成控制信号。

译码器从功能上可以分为两种类型，一种是地址译码器，常用于单片机中对存储单元地址进行译码，即将每一个地址代码转换成一个有效信号，从而选中对应的单元。另一种是代码变换器，用于实现二进制数与其他进制数之间的转换。

图 2-12 所示为一个 2-4 线译码器的逻辑电路，功能是将 2 位二进制代码的 4 种组合译成 4 种输出状态。

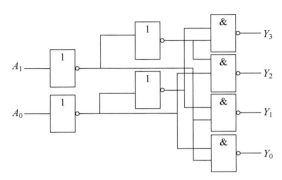

图 2-12　2-4 线译码器的逻辑电路

2.2.5　触发器

触发器是一个具有记忆功能的二进制信息存储器件,能存储一位二进制数码或一个逻辑状态信号,是构成寄存器、计数器、脉冲信号发生器、存储器等时序逻辑电路的基本单元电路。根据逻辑功能的不同,可以分为 RS 触发器、D 触发器和 JK 触发器等。本小节通过学习基本 RS 触发器来理解触发器的工作原理。

基本 RS 触发器由两个与非门交叉耦合构成,逻辑结构和逻辑符号如图 2-13 所示。S 和 R 是触发器的两个输入端,Q 和 $\overline{Q}$ 是输出端。一般情况下,将 Q 端的状态规定为触发器的状态。

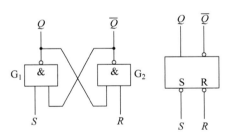

图 2-13　触发器的逻辑结构与逻辑符号

(1) $R=S=1$ 时,触发器状态不变。这里首先假设触发器的原状态是 $Q=0,\overline{Q}=1$,此时 Q 反馈到 G_1 门和 S 进行与非,Q 端结果输出为 0,同时 $\overline{Q}$ 反馈到 G_2 门和 R 进行与非,Q 端输出结果为 1,触发器保持原状态不变。同理,在触发器原状态为 $Q=1,\overline{Q}=0$ 时,不难推测出触发器仍保持原状态不变。

(2) $R=1,S=0$ 时,触发器处于置 1 状态(即置位态)。无论触发器的原状态如何,根据基本 RS 触发器的逻辑表达式,当 S 端为 0 时,Q 端输出为 1,触发器处于置位态。

(3) $R=0,S=1$ 时,触发器处于置 0 状态(即复位态)。无论触发器的原状态如何,当 R 端为 0 时,Q 端输出为 1,又因 S 端输入为 1,G_1 门的输入全为 1,故 $\overline{Q}$ 端的输出为 0,触发器处于复位态。

(4) $R=S=0$ 时,G_1 和 G_2 门因输入端有 0,Q 和 $\overline{Q}$ 的输出状态同为 1。但是当 S 和 R 端的负脉冲除去后,Q 和 $\overline{Q}$ 的输出结果不稳定,最后的状态由偶然因素决定,因此这种输入状态应该禁止。

2.2.6 寄存器和锁存器

1. 寄存器

寄存器用来存储二进制数码,是数字电路中一个重要的部件。由于一个触发器能够存储一位二进制数,因此有 n 个触发器就可以存放 n 个二进制数。下面我们了解两类常用的寄存器:缓冲寄存器和移位寄存器。

(1) 缓冲寄存器。图 2-14 所示为由 4 个 D 触发器组成的 4 位缓冲寄存器。启动时,先在清零端加清零脉冲,把各触发器置零,然后将数据加到触发器的 D 输入端,在时钟信号作用下,输入端的信息会保存在各触发器中。

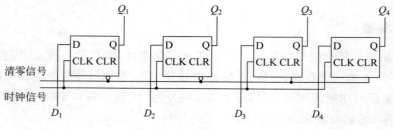

图 2-14　4 位缓冲寄存器

(2) 移位寄存器。图 2-15 所示为由 4 个 D 触发器组成的 4 位移位寄存器。它能将所存储的数据逐位向左或向右移动,以达到单片机运行过程中所需的功能。

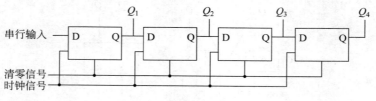

图 2-15　4 位移位寄存器

2. 锁存器

图 2-16 所示为一个由 D 触发器构成的 4 位锁存器。当输出控制信号为低电平,且使

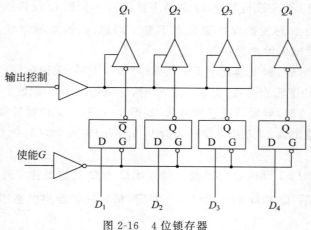

图 2-16　4 位锁存器

能信号 G（即锁存信号）为高电平时,数据可输出。如果锁存器信号为低电平,输出端的状态被锁存起来,使其不随输入端的变化而变化,直到下一个锁存信号有效时才会发生改变。

在实际应用中,使能 G 端通常连接时钟信号。因此锁存器常用于数据有效迟后于时钟信号有效的场合。

2.3 位、字节的概念

2.3.1 位的概念

位来自英文 bit,音译为"比特",表示二进制位；位是计算机内部数据存储的最小单位。1 位二进制数只可以表示 0 和 1 两种状态 2^1,2 位二进制数可以表示 00、01、10、11 四种状态 2^2,3 位二进制数可表示八种状态 2^3。以此类推,32 位可以表示 2^{32} 种状态,64 位可以表示 2^{64} 种状态。

2.3.2 字节的概念

字节来自英文 Byte,音译为"拜特",习惯上用 B 表示。字节是计算机中数据处理的基本单位。计算机中以字节为单位存储和解释信息,规定 1 字节由 8 个二进制位构成,即 1 字节等于 8 比特 1Byte=8bit,8 位二进制数最小为 00000000,最大为 11111111。通常 1 字节可以存入一个 ASCII 码,2 字节可以存放一个汉字国标码。

1 字节可以存放 1 个英文字母(代表 1 个英文字母的二进制编码)、1 个阿拉伯数字(同样是代表 1 个阿拉伯数字的二进制代码)以及半个汉字(二进制代码,一个完整的汉字需要 2 字节长度的空间来存储)。

在微型计算机中,通常用字节数来表示数据传输的数量。

$$1B(byte,字节)=8bit$$
$$1KB(Kilobyte,千字节)=1024B=2^{10}B$$
$$1MB(Megabyte,兆字节)=1024KB=2^{20}B$$
$$1GB(Gigabyte,吉字节)=1024MB=2^{30}B$$
$$1TB(Terabyte,太字节)=1024GB=2^{40}B$$
$$1PB(Petabyte,拍字节)=1024TB=2^{50}B$$
$$1EB(Exabyte,艾字节)=1024PB=2^{60}B$$

值得注意的是,硬盘生产商是以十进制(即 10 的 3 次方为 1000,如 1MB=1000KB)计算的,而计算机(操作系统)是以二进制(即 2 的 10 次方,如 1MB=1024KB)计算的,两者有略微误差,但是国内用户一般不会去区别。根据硬盘厂商与用户对于 1GB 大小的不同理解,许多 250GB 的硬盘的实际容量按计算机实际的 1GB=1024MB(1MB=1024KB,以此类推)计算是达不到 250GB 的,这也可以解释为什么新买的硬盘"缺斤短两",并没有它所标示的那么大。

2.4 编码的概念

在日常生活中,编码问题是经常会遇到的。例如,电话号码、房间编号、班级号和学生号等。这些编码问题的共同特点是采用十进制数字来为用户、房间、班级和学生等编号,编码位数和用户数的多少有关。例如,一个两位十进制数的编码最多容许 100 家用户装电话。

在计算机中,由于机器只能识别二进制数,因此键盘上所有数字、字母和符号也必须是先为它们进行二进制编码,以便机器对它们加以识别、存储、处理和传送。和日常生活中的编码问题一样,所需编码的数字、字母和符号越多,二进制数的位数就越长。

下面介绍几种微型机中常见的编码。

2.4.1 BCD 码和 ASCII 码

BCD 码(binary coded decimal,十进制数的二进制编码)和 ASCII 码(American standard code for information interchange,美国信息交换标准码)是计算机中两大常用的二进制编码。前者称为十进制数的二进制编码,后者是对键盘上输入字符的二进制编码。计算机被实际处理的过程是:键盘上输入的十进制数字先被替换成一个个 ASCII 码送入计算机,然后通过程式替换成 BCD 码,并对 BCD 码直接进行计算;也可以先把 BCD 码替换成二进制码进行运算,并把运算结果再变成 BCD 码,最后还要把 BCD 码形式的输出结果转换成 ASCII 码才能在屏幕上加以显示,这是因为 BCD 码形式的十进制数是不能直接在键盘/屏幕上输入/输出的。

1. BCD 码

BCD 码种类较多,常用的有 8421 码、2421 码、余 3 码和格雷码等。

8421 码是 BCD 码中的一种,因组成它的 4 位二进制数码的权为 8、4、2、1 而得名。8421 码是一种采用四位二进制数来代表十进制数码的代码系统。在这个代码系统中,10 组 4 位二进制数分别代表了 0~9 中的 10 个数字符号,见表 2-12。

表 2-12 8421 编码表

十进制数	8421 码	十进制数	8421 码
0	0000 B	8	1000 B
1	0001 B	9	1001 B
2	0010 B	10	0001 0000 B
3	0011 B	11	0001 0001 B
4	0100 B	12	0001 0010 B
5	0101 B	13	0001 0011 B
6	0110 B	14	0001 0100 B
7	0111 B	15	0001 0101 B

2. ASCII(字符编码)

现代微型计算机不仅要处理数字信息,而且要处理大量字母和符号。这就需要人们对这些数字、字母和符号进行二进制编码,以供微型计算机识别、存储和处理。这些数字、字母和符号统称为字符,故字母和符号的二进制编码又称为字符的编码。

ASCII 码诞生于 1963 年,是一种比较完整的字符编码,现已成为国际通用的标准编码,广泛应用于微型计算机中。

通常,ASCII 码由 7 位二进制数码构成,共 128 个字符编码,详见附录 A。这 128 个字符共分两类:一类是图形字符,共 96 个;另一类是控制字符,共 32 个。96 个图形字符包括十进制数码 10 个,大小写英文字母 52 个及其他字符 34 个,这类字符有特定形状,可以显示在显示器上或打印在纸上,其编码可以存储、传送和处理。32 个控制字符包括回车符、换行符、退格符、设备控制符和信息分隔符等,这类字符没有特定形状,其编码虽然可以存储、传送和具有某种控制作用,但字符本身是不能在显示器上显示的,也不能在打印机上打印。

在 8 位微型计算机中,信息通常是按字节存储和传送的,1 字节为 8 位。ASCII 码共有 7 位,作为 1 字节还多出 1 位。多出的这位是最高位,常常用于奇偶校验,故称为奇偶校验位。奇偶校验位在信息发送中用处很大,它可以用来校验信息传送过程中是否有错。

完整的 ASCII 码表见附录 A。

2.4.2 汉字的编码

西方很多国家使用的是拼音文字,只用几十个字母(英文为 26 个字母,俄文有 33 个字母)就可以写出西文资料。因此,计算机只要对这些字母进行二进制编码就可以对西文信息进行处理。汉字是表意文字,每个汉字都是一个图形。计算机要对汉字文稿进行处理(例如编辑、删改、统计等),就必须对所有汉字进行二进制编码,建立一个庞大的汉字库,以便计算机进行查找。

据统计,历史上使用过的汉字有 6 万多个。虽然目前已大部分不再使用,但有用汉字仍有 1.6 万个。1974 年,人们对书刊杂志上大约 2100 万汉字文献资料进行统计,共用到汉字 6347 个。其中,使用频度达到 90% 的汉字只有 2400 个,其余汉字的使用频度只占 10%。

汉字的编码方法通常分为两类:一类称为汉字输入法编码,例如五笔字型编码、汉语拼音编码等,现已多达数百种;另一类是计算机内部对汉字处理时所用的二进制编码,通常称为机内码,如电报码、国标码和区位码等。由于汉字输入法编码已超出本书讨论范围,这里仅对机内码做简单叙述。

1. 国标码(GB 2312)

国标码是《信息交换用汉字编码字符集 基本集》的简称,是我国国家标准总局于 1981 年颁布的国家标准,标准编号为 GB 2312—1980。

国标码中,共收集汉字 6763 个,分为两级。第一级收集汉字 3755 个,按汉语拼音排序。第二级收集汉字 3008 个,按部首排序。除汉字外,该标准还收集一般字符 202 个(包括间隔符、标点符号、运算符号、单位符号和制表符等)、序号 60 个、数字 22 个、拉丁字母 66 个、汉语拼音符号 26 个、汉语注音字母 37 个等。因此,这张表很大,连同汉字一共是

7445个图形字符。

为了给7445个图形字符编码,采用7位二进制码显然是不够的。因此,国标码采用14位二进制码来给7445个图形字符编码。14位二进制码中的高7位占1字节(最高位不用),称为第一字节;低7位占1字节(最高位不用),称为第二字节。

国标码中的汉字和字符分为字符区和汉字区。21H~7EH(第一字节)和21H~7EH(第二字节)为字符区,用于存放非汉字图形字符;30H~7EH(第一字节)和30H~7EH(第二字节)为汉字区。在汉字区中,30H~57H(第一字节)和21H~7EH(第二字节)为一级汉字区;58H~77H(第一字节)和21H~7EH(第二字节)为二级汉字区,其余为空白区,可作为扩充使用。因此,国标码是采用4位十六进制数来表示一个汉字的。例如,"啊"的国标码为3021H(30H为第一字节,21H为第二字节),"厂"的国标码为3327H(33H为第一字节,27H为第二字节)。

2. 区位码及其向国标码的替换

区位码和国标码的区别并不大,它们共用一张编码表。国标码用4位十六进制数来表示1个汉字,区位码用4位十进制区号和位号来表示一个汉字,只是在编码的表示形式上有所区别。具体来说,区位码把国标码中第一字节的21H~7EH映射成1~94区,把第二字节的21H~7EH映射成1~94位。区位码中的区号决定对应汉字位于哪个区(每区94位,每位1个汉字),位号决定相应汉字的具体位置。例如,"啊"的区位码为1601(十进制),16是区号,01是位号;"厂"的区位码为1907(十进制),19是区号,07是位号。

国标码是计算机赖以处理汉字的最基本编码,区位码在输入时比较容易记忆。计算机最终还是要把区位码替换成国标码,替换方法是先把十进制形式的区号和位号换成二进制形式,然后分别加上20H。"啊"的区位码为1601,替换成十六进制形式为1001H,区号和位号分别加上20H后变为3021H,这就是"啊"的国标码。同理,"厂"的区位码为1907,国标码为3327H。

2.4.3 校验码编码

在计算机中,信息在存入磁盘、磁带或存储器中常常会由于某种干扰而发生错误,信息在传输过程中也会因为传输线路上的各种干扰而使得接收端接收到的数据和发送的数据不相同。为了确保计算机可靠工作,人们常常希望计算机能对从磁盘、磁带或存储器中读出信息或接收端收到的信息自动做出判断,并加以纠错。由此,引出了计算机对校验码的编码和解码问题。校验码编码发生在信息发送(或存储)之前,校验码解码在信息被接收(或读出)后进行。这就是说:要发送信息,应首先按照约定规律编码成校验码,使这些有用信息加载在校验码上进行传送;接收端对接收到的校验码按约定规律的逆规律进行解码和还原,并在解码过程中去发现和纠正因传输过程中的干扰所引起的错误码位。

校验码编码采用"冗余校验"的编码思想。所谓"冗余校验"编码,是指在基本的有效信息代码位上再扩充几位校验位。增加的几位校验位的编码前的信息是多余的,故又称为"冗余位"。冗余位对于信息的查错和纠错是必需的,而且冗余位越多,其查错和纠错的能力就越强。

迄今为止，人们对校验码编码的研究方兴未艾，校验码编码的方法也有很多。例如，奇偶校验码编码、海明码编码、循环冗余码编码和CIRC(cross interleaved Read-Solomon code，交叉交插里德-索罗蒙码)编码等。本文以奇偶校验码编码为例介绍。

奇偶校验码编码和解码又称奇偶校验，是一种只有一位冗余位的校验码编码方法，常用主存校验和信息传送。奇偶校验分为奇校验和偶校验两种。奇校验的约定编码规律要求编码后的校验码中"1"的个数(包括有效信息位和奇校验位)保持为基数，偶校验的约定编码规律要求编码后的校验码中"1"的个数(包括有效信息位和奇校验位)保持为偶数。

一个8位奇偶校验码，有效信息位通常位于奇偶校验码中的低7位，一位奇偶校验位位于校验码中的最高位。奇偶校验位状态常由发送端的奇偶校验电路自动根据发送字节低7位中"1"的个数来确定。对于采用奇校验的信息传输线路，奇偶校验位的状态取决于其余7位信息中"1"的奇偶性。对于奇校验，若其他7位中"1"的个数为奇数，则奇偶校验电路自动再进入校验位上补0；若"1"的个数为偶数，则奇偶校验位以上为1，以保证所传信息中"1"的个数为奇数。

这样，接收端奇偶校验电路只要判断每个字中是否有奇数个"1"(包括奇偶校验位)就可以知道信息在传递中是否出错。奇偶校验的缺点是无法检验每字节中同时发生偶数个错码的通信错误，但这种机会是很少的，因此广泛应用于微型计算机通信中。

本 章 小 结

单片机是一款典型的数字电路产品，本章对单片机学习过程中可能用到的数字电路概念进行了归纳和总结，为后续单片机的学习打下了良好的基础。

习　　题

1. 二进制数11001011B转换成十进制数是_____。
2. 十进制数89.75对应的二进制数可表示为_____。
3. 二进制数11001011B转换成十六进制数是_____。
4. 十六进制数5EH转换成二进制数是_____。
5. 1字节(Byte)等于_____位(bit)。
6. 基本的逻辑门电路有_____、_____和_____。
7. 三态门的三种状态为_____、_____和_____。
8. 寄存器的功能是_____。(存储二进制数)
9. 存1位ASCII码需要_____ B。
10. 我国汉字的国标码是_____。

实践作业 2

班级		学号		姓名	
任务要求	查找 ASCII 编码表和 GB 2312 编码表,把"Hello,China!"转换成 ASCII 码,把"中华人民共和国"转换成国标码。					
实施过程						

第3章 单片机体系结构

学习目标
(1) 了解单片机的整体结构。
(2) 理解单片机CPU、存储器、I/O接口的结构及原理。
(3) 了解中断系统、定时器系统的原理及结构。
(4) 掌握单片机最小系统的结构。
(5) 了解单片机的时序及节电方式。

3.1 MCS-51单片机内部结构

3.1.1 MCS-51单片机的内部结构概述

MCS-51系列单片机由Intel公司开发,是目前应用最广泛的通用单片机之一,现有十几个品种,再加上其他公司的MCS-51兼容机,有上百种之多。不同的芯片,其内部结构略有不同,但其体系结构是相同的,指令系统也完全向上兼容。MCS-51单片机的内部结构如图3-1和图3-2所示。

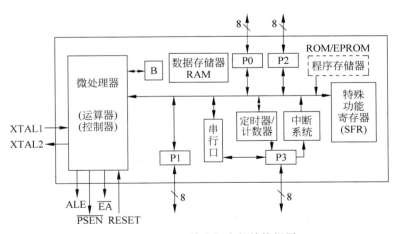

图3-1 MCS-51单片机内部结构框图

由图3-1可以看出,MCS-51单片机主要由中央处理器CPU、程序存储器ROM、数据存储器RAM、输入/输出接口I/O、中断系统、串行口和定时器等几部分组成。CPU内包括由算术逻辑运算单元ALU、暂存器TMP及其他存储单元构成的运算器部分,以及由定

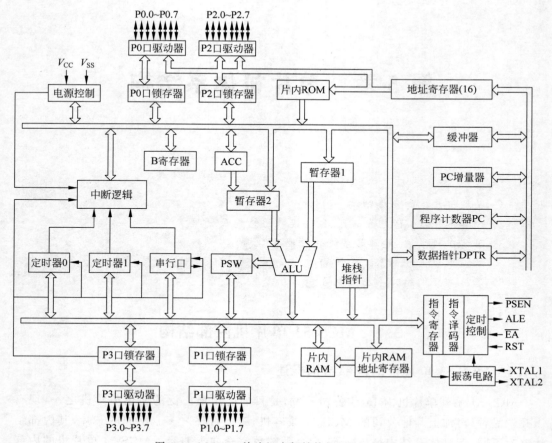

图 3-2　MCS-51 单片机内部结构框图(含 CPU)

时器和控制逻辑、指令寄存器、程序计数器、振荡电路等构成的控制器部分,CPU 同其他各部分均通过总线联系。

3.1.2　MCS-51 单片机的引脚及功能

MCS-51 系列单片机一般采用双列直插方式封装(DIP),有 40 个引脚,随着表面贴装技术的发展,也有部分芯片采用方形封装(如 LQFP),有 44 个引脚,如图 3-3 所示。而精简型 MCS-51 兼容芯片如 AT89C1051/2051 等,由于省掉了两个 I/O 端口,只有 20 个引脚。

单片机引脚

由图 3-3 可见,MCS-51 的引脚主要包括以下功能。

(1) 电源引脚。正常运行时 V_{CC} 接 +5V 电源,V_{SS} 为接地端(也写作 GND 端)。

(2) I/O 接口。I/O 接口包括 P0、P1、P2、P3 四个端口。除了 P1,其余三个端口均有第二甚至第三功能,详见 3.4 节。

(3) 时钟。MCS-51 内部已集成振荡电路,其中 XTAL1 引脚为片内振荡器反相器的输入端,XTAL2 为片内振荡器反相器的输出端。

(4) 其他控制端口。

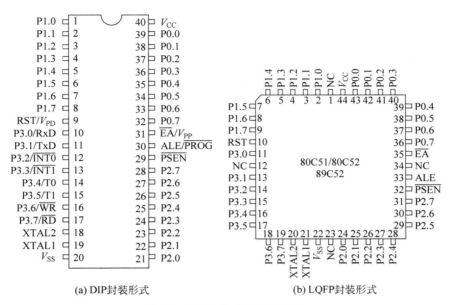

图 3-3　MCS-51 单片机引脚图

$\overline{\text{ALE}/\text{PROG}}$：地址锁存允许/编程信号。当 CPU 访问外部存储器时，ALE 用来控制锁存地址信号的低 8 位，它的频率为振荡器频率的 1/6。在对单片机进行编程时，即向片内 ROM 中写程序时，$\overline{\text{PROG}}$ 引脚用于输入编程脉冲信号。

$\overline{\text{PSEN}}$：外部程序存储器读选通信号。当 CPU 访问片外程序存储器时，此引脚将输出有效信号（低电平），可用于实现对外部程序存储器的选通控制。

$\overline{\text{EA}}/V_{\text{PP}}$：片外程序存储器选择/编程电源。其中 $\overline{\text{EA}}$ 用于对片内、片外程序存储器进行选择。当 $\overline{\text{EA}}=0$ 时，CPU 直接从片外程序存储器读取程序，片内程序存储器不用；当 $\overline{\text{EA}}=1$ 时，CPU 将首先从片内程序存储器读取程序，地址超出时，再从片外程序存储器读取。

RST/V_{PD}：复位输入信号/后备电源。当引脚出现 2 个机器周期以上的高电平时，可实现复位操作。另外，此引脚还可以作为掉电保护时后备电源的输入引脚。

3.2　CPU 及总线

CPU 是单片机最重要的核心部件之一，CPU 与单片机其他部件（存储器、I/O 接口等）是通过总线进行连接的。本节将简单介绍 CPU 及总线的构成和工作原理。

3.2.1　CPU

CPU 即中央处理器，是整个单片机的核心，MCS-51 系列单片机包含一个高性能的 8 位中央处理器。CPU 的作用是从 ROM 中读取指令，并进行分析，然后根据各指令的功能控制单片机内各功能部件执行指定的操作。它主要由运算器和控制器两大功能单元组成。

1. 运算器

运算器的主要作用是进行算术和逻辑运算,它主要由 ALU、暂存器及部分特殊功能寄存器组成。ALU 是 arithmetical logic unit 的缩写,通常译为算术逻辑单元,是运算器的核心部件,基本的算术运算、逻辑运算都在其中进行。除了可以实现加、减、乘、除等算术运算和与、或、非、异或、循环、求补等逻辑运算,它还具有一定的位处理功能,如置位、取反、清零、测试转移等操作,特别适合于实时逻辑控制,这也是 MCS-51 系列单片机能够成为面向控制的微处理器的重要原因。

在 ALU 进行运算时,通常要用到 ACC、B、PSW 三个特殊功能寄存器。其中 ACC 寄存器(简称 A 寄存器)又称为累加器,用于向 ALU 提供操作数和存放运算的结果,还可实现与片外程序存储器及 I/O 接口的数据传递,是 MCS-51 系类单片机中使用最频繁的寄存器。B 寄存器主要在进行乘除运算时存放另一个操作数,乘除运算完成后存放运算的一部分结果,若不进行乘除运算,则 B 寄存器可作为一般的寄存器使用。PSW 是 program status word(程序状态字)的缩写,PSW 寄存器是用于存储程序运行状态信息的特殊寄存器,熟练地运用其中的信息可以提高程序的执行效率。PSW 包含的 6 个标志位和 2 个指针位见表 3-1。

表 3-1 PSW 寄存器的位定义

PSW	7	6	5	4	3	2	1	0
	CY	AC	F0	RS1	RS0	OV	—	P

CY:进位标志位,在进行加法或减法运算时,运算过程中(bit7)产生进位或借位的情况下,该位被置"1",否则清"0"。例如 A 的值为 1000 0010,执行下面的指令。

```
ADD A, #1010 0001
```

ADD A,data 指令是把 A 里的值加上 data 的值后再赋予 A。我们知道

```
   1000 0010
+  1010 0001
= 10010 0011
```

最高位产生了进位,因此运算结果 A 的值为 0010 0011,进位被舍弃并使 CY 位置"1"。另外,在位操作中,CY 相当于位累加器,参与各种位操作,常用 C 表示,例如:

```
MOV 2AH, C
```

该指令是将 C 位的值赋予位地址为 2AH 的存储位当中(相当于字节地址 25H 的 bit2)。

AC:辅助进位标志位,与 CY 标志位类似,不同的是 CY 是在 bit7 产生进(借)位时被置"1",而 AC 位是在 bit3 位产生进(借)位时被置"1",否则清"0"。

F0:用户标志位,可由用户根据需要置位或复位。

RS1、RS0:工作寄存器组选择位。根据 RS1、RS0 的值确定当前寄存器组。

OV:溢出标志位,在进行算术运算时产生溢出,则该位置"1";否则清"0"。

在加减运算中,当 bit6 与 bit7 两者中有且只有一个产生进位或借位时溢出。即溢出标志位的值来自 CY(bit6)与 CY(bit7)的异或运算结果。

P:奇偶校验位,该位的值根据 A 寄存器中"1"的位数确定,有奇数个"1",则 P 被置位;否则复位。在串行口通信中奇偶校验时刻根据该位的值来判断。

2. 控制器

控制器的作用是控制单片机内部各部件的协调运行,由指令寄存器 IR、指令译码器 ID、程序计数器 PC、定时与控制逻辑电路等组成。

指令寄存器 IR 用来保存正在执行的一条指令。若要执行一条指令,首先要把它从程序存储器取到指令寄存器中。指令的内容一般包括操作码和操作数两部分,操作码送往指令译码器 ID,经其译码后便确定了所要执行的操作,地址码则送往操作数形成电路以形成实际的操作数地址。程序计数器 PC 是一个 16 位的计数器,它总是存放着下一条指令所在的 16 位地址。单片机运行过程中,CPU 总是按 PC 中所指定的地址从程序存储器取出指令,然后进行分析并执行。同时,PC 的内容自动加 1,为读取下一条指令做准备。单片机上电或复位时,PC 自动清零,即装入地址 0000H。因此,单片机上电或复位后,将从地址 0000H 开始执行程序。

定时与控制逻辑电路是 CPU 的核心部件,任务是控制单片机取指令、分析指令、执行指令、存取操作数及运算结果等操作,它向其他部件发出各种操作控制信号,协调各部件的工作。MCS-51 单片机内部设有振荡电路,使用时只需要在芯片外部接入石英晶体和频率微调电容即可产生内部时钟信号。

3.2.2 总线

总线 BUS 的作用是实现 CPU 与 ROM、RAM、PIO 等部件的信息传递,主要包括数据总线(data bus,DB)、地址总线(address bus,AB)和控制总线(control bus,CB)三组。

数据总线 DB 的作用是实现数据的传递。由于 MCS-51 系列单片机是 8 位机,能够同时处理的数据有 8 位,因此其数据总线有 8 根。

地址总线 AB 的作用是实现地址信息的传递,将 CPU 发出的地址信号送到其他各部件。地址总线越多,能够确定的外部空间越大,即寻址能力就越强。MCS-51 系列单片机的地址总线有 16 根,其寻址能力为 64KB($1K=2^{10}=1024,2^{16}=65536=64K$)。也就是说,MCS-51 单片机系统中的 ROM、RAM 等存储器最多有 64KB 的寻址能力,若超出此值,则单片机无法对其完成控制。

控制总线 CB 的作用是实现控制信息的传递,例如读、写等控制信号。根据所连接的功能部件(ROM、RAM、SIO 等)不同,控制总线的根数也不相同。

3.3 存 储 器

存储器是现代电子产品中重要的组成部分,在计算机、手机、各类消费电子产品中有着广泛的应用。同样,存储器也是单片机的重要组成部分,用于存储程序、运行数据等各类数据。

存储器一般分为 ROM(只读存储器)和 RAM(随机存储器),例如用户在买手机时,经常会看到这样的参数如 8GB+128GB,这个里面 8GB 是指这款手机 RAM 的大小,128GB 是指这款手机 ROM 的大小。之所以存储器要分为 ROM 和 RAM,是因为在电子产品运行过程中,有些数据是不希望被修改或删除的,这部分数据就要放在只读存储器 ROM 中。而程序在运行过程中产生的一些临时数据,需要随时修改或删除,这些数据就要放在随机存取存储器 RAM 中。另外,在系统断电后,RAM 中的数据是会被清空的,而 ROM 中的数据则不会被改变。因此,在数字电子产品中 ROM 和 RAM 功能上是有区别的,不能随意替换。

3.3.1 只读存储器 ROM

1. ROM 的结构

ROM 的主要结构如图 3-4 所示,包括存储矩阵和地址译码器。

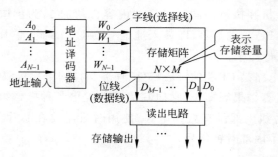

图 3-4 ROM 的结构框图

(1) 存储矩阵:由存储单元构成,一个存储单元存储一位二进制数码"1"或"0"。存储器是以字为单位进行存储的。图 3-4 中有 $N \times M$ 个存储单元。

(2) 地址译码器:为了存取的方便,给每组存储单元以确定的标号,这个标号称为地址。图 3-4 中,$W_0 \sim W_{N-1}$ 称为字单元的地址选择线,简称字线;地址译码器根据输入的代码从 $W_0 \sim W_{N-1}$ 条字线中选择一条字线,确定与地址代码相对应的一组存储单元位置。被选中的一组存储单元中的各位数码经位线 $D_0 \sim D_{M-1}$ 传送到数据输出端。

2. ROM 的工作原理

1) 存储矩阵

图 3-5 中的存储矩阵有四条字线和四条位线。共有 16 个交叉点,每个交叉点都可视为一个存储单元。交叉点处接有二极管时,相当于存"1";交叉点处没有接二极管时,相当于存"0";如字线 W_0 与位线有 4 个交叉点,其中与位线 D_0 和 D_2 交叉处接有二极管。当选中 W_0(为高电平)字线时,两个二极管导通,使位线 D_0 和 D_2 为"1",这相当于接有二极管的交叉点存"1"。交叉点处没有接二极管处,相当于存"0";位线 D_1 和 D_3 为"0",这相当于没接有二极管的交叉点存"0"。

ROM 的特点:存储单元存"0"还是存"1"是在设计和制造时已确定的,不能改变;而且存入信息后,即使断开电源,所存信息也不会消失,所以 ROM 也称固定存储器。

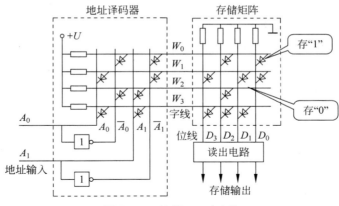

图 3-5 二极管 ROM 电路

2) 地址译码器

图 3-5 中是一个二极管译码器,两位地址代码 A_1A_0 可指定 4 个不同的地址。地址译码器是一个"与"逻辑阵列,4 个地址的逻辑式分别为

$$W_0=\overline{A}_1\overline{A}_0 \quad W_1=\overline{A}_1A_0 \quad W_2=A_1\overline{A}_0 \quad W_3=A_1A_0$$

在上述电路中,地址码与对应的存储内容见表 3-2,当地址码 A_1A_0 取值为 00 时,电路读取示意如图 3-6 所示。

表 3-2 N 取 1 译码器及 ROM 存储内容

地址码		最小项及编号			N 取 1 译码				存 储 内 容			
A_1	A_0				W_3	W_2	W_1	W_0	D_3	D_2	D_1	D_0
0	0	$\overline{A}_1$	$\overline{A}_0$	m_0	0	0	0	1	0	1	0	1
0	1	$\overline{A}_1$	A_0	m_1	0	0	1	0	1	0	1	1
1	0	A_1	$\overline{A}_0$	m_2	0	1	0	0	0	1	0	0
1	1	A_1	A_0	m_3	1	0	0	0	1	1	1	0

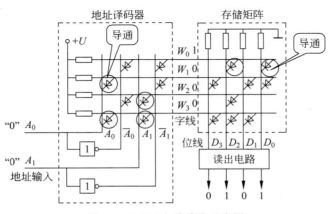

图 3-6 ROM 电路读取示意图

3. ROM 的分类

ROM 有很多种,PROM 是可编程的 ROM。PROM 与 EPROM(可擦除可编程 ROM)的区别是,PROM 是一次性的,也就是软件灌入后,就无法修改了,这是一种早期的产品,现在已经不再使用了;而 EPROM 是通过紫外光的照射擦除原先的程序,是一种通用的存储器;另一种 EEPROM 是通过电子擦除,价格较高,写入时间很长,写入很慢。

Flash 也是一种非易失性存储器(断电不会丢失数据),它擦写方便,访问速度快,已大大取代了传统的 EPROM 的地位。由于它具有和 ROM 一样断电不会丢失数据的特性,因此很多人称其为 Flash ROM。Flash 存储器又称闪存,它结合了 ROM 和 RAM 的长处,不仅具备电子可擦除可编程(EEPROM)的性能,而且还不会断电丢失数据,同时可以快速读取数据(NVRAM 的优势),U 盘和 MP3 里用的就是这种存储器。在过去的 20 年里,嵌入式系统一直使用 ROM(EPROM)作为它们的存储设备,然而近年来 Flash 全面代替了 ROM(EPROM)在嵌入式系统中的地位,用于存储 bootloader 以及操作系统或者程序代码或者直接作为硬盘使用(U 盘)。

目前 Flash 主要有 NOR Flash 和 NAND Flash 两种。NOR Flash 的读取和我们常见的 SRAM 的读取是一样的,用户可以直接运行装载在 NOR Flash 里面的代码,这样可以减少 SRAM 的容量从而节约成本。NAND Flash 没有采取内存的随机读取技术,它的读取是以一次读取一块的形式来进行的,通常是一次读取 512 字节,采用这种技术的 Flash 比较廉价。用户不能直接运行 NAND Flash 上的代码,因此好多使用 NAND Flash 的开发板除了使用 NAND Flash 以外,还制作了一块小的 NOR Flash 来运行启动代码。

一般小容量的场合用 NOR Flash,因为其读取速度快,多用来存储操作系统等重要信息,而大容量的场合用 NAND Flash,最常见的 NAND Flash 应用是嵌入式系统采用的 DOC(disk on chip)和日常用的"闪盘",可以在线进行擦除。

3.3.2 随机存储器 RAM

1. RAM 的结构

随机存取存储器(RAM)能随时从任何一个指定地址的存储单元中取出(读出)信息,也可随时将信息存入(写入)任何一个指定的地址单元中,因此也称为读/写存储器。其结构如图 3-7 所示。

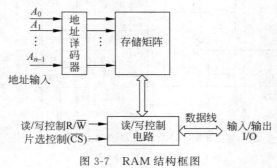

图 3-7 RAM 结构框图

(1) 存储矩阵：由存储单元构成，一个存储单元存储一位二进制数码"1"或"0"。与 ROM 不同的是，RAM 存储单元的数据不是预先固定的，而是取决于外部输入信息，其存储单元必须由具有记忆功能的电路构成。

(2) 地址译码器：也是 N 取 1 译码器。

(3) 读/写控制电路：当 R/$\overline{\text{W}}$=1 时，执行读操作；当 R/$\overline{\text{W}}$=0 时，执行写操作。

(4) 片选控制：当 $\overline{\text{CS}}$=0 时，选中该片，RAM 工作；当 $\overline{\text{CS}}$=1 时，该片 RAM 不工作。

2. RAM 的分类

RAM 有两大类，一类称为静态 RAM(static RAM, SRAM)，SRAM 速度非常快，是目前读/写最快的存储设备，但价格也非常昂贵，所以只在要求很苛刻的地方使用，譬如 CPU 的一级缓存、二级缓存。另一类称为动态 RAM(dynamic RAM, DRAM)，DRAM 保留数据的时间很短，速度也比 SRAM 慢，不过它还是比任何 ROM 都要快，但从价格上来说，DRAM 相比 SRAM 要便宜很多，计算机内存使用的就是 DRAM。

DRAM 分为很多种，常见的主要有 FPRAM/FastPage、EDORAM、SDRAM、DDR RAM、RDRAM、SGRAM 以及 WRAM 等，这里介绍其中的一种 DDR RAM。DDR RAM (date-rate RAM)也称为 DDR SDRAM，这种改进型的 RAM 和 SDRAM 是基本一样的，不同之处在于它可以在一个时钟读/写两次数据，这样就使得数据传输速度加倍了。这是目前计算机中用得最多的内存，而且它有着成本优势，事实上击败了 Intel 的另外一种内存标准——Rambus DRAM。在很多高端显卡上，也配备了高速 DDR RAM 来提高带宽，这可以大幅度提高 3D 加速卡的像素渲染能力。

3.3.3 MCS-51 单片机的 ROM 与 RAM

1. 51 系列单片机 ROM

MCS-51 系列单片机最低配置的 ROM 大小为 4KB，同一系列不同型号的单片机 ROM 大小往往不一样，如 STC89C51 的 ROM 为 4KB，STC89C52 的 ROM 为 8KB，STC89C54 的 ROM 为 16KB 等，类似于手机的低配、中配和高配。对于具体某款单片机的 ROM 大小为多少，只要查找其芯片手册即可确定，下面以 4KB 为例进行讲解。

若 ROM 大小为 4KB，则其地址范围为 0000H~0FFFH。理论上，这些地址都可以用来存储程序或数据(通常为表格等固定数据)。在实际中，有一些地址已经预留为特殊用途。

由于单片机上电或复位后从 0000H 处开始执行程序，而其后的 0003H、000BH 等处只能放中断服务子程序，所以在编程时通常都是将主程序放在所有中断服务子程序之后 (如 0040H、0060H 等)，而在 0000H 处编写一条转移指令。以使单片机上电或复位后立即从 0000H 转到相应的主程序。

对于各个中断服务子程序，则直接从相应的入口地址开始写入即可。不过，由于各入口地址之间只有 8 字节的存储空间，所以在中断服务子程序超过 8 字节时，也应考虑在入口地址处放置一条转移指令，而真正的中断服务子程序放在主程序后面的 ROM 空间中。MCS-51 单片机 ROM 空间分配如图 3-8 所示。

如果单片机内部 ROM 存储容量不够大，也可外接片外 ROM，外接最大片外 ROM 为 64KB，其地址范围为 0000H~FFFFH。单片机 EA 引脚的作用就是片内、片外存储器

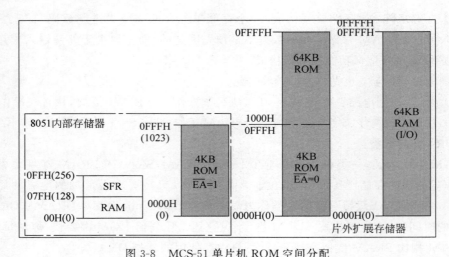

图 3-8　MCS-51 单片机 ROM 空间分配

注意：目前的 51 系列不同型号的单片机将片外扩展存储器也集成进了内部，使得单片机的内部程序存储器不止 4KB；RAM 也可以选择内部集成。

的选择。当 EA 引脚接低电平时，片内 ROM 不用，直接访问外部 ROM 空间，其地址范围最大为 0000H～FFFFH。当 EA 引脚接高电平时，则首先访问内部 ROM，当地址空间超出 0000H～0FFFH（4KB）时，自动转到片外 ROM，其地址范围为 1000H～FFFFH，而片外 ROM 的低 4KB 空间没有使用。

2. 51 系列单片机 RAM

MCS-51 单片机最低配置内部的 RAM 共有 256 字节，与上述 ROM 类似，不同型号的 RAM 大小有所不同。在片内 RAM 不够用时，同样也应在片外扩展 RAM 芯片，其最大容量也是 64KB。与 ROM 不同的是，由于片内、片外 RAM 在存取过程中使用不同的指令，因此片内、片外 RAM 的地址可以重复，不存在部分 RAM 不能使用的问题。习惯上，由于片内 RAM 容量较小，一般采用 8 位地址，其范围为 00H～FFH，共有 256B；片外扩展的 RAM 容量较大，采用 16 位地址，最大地址范围为 0000H～FFFFH。以 256 字节单片机为例，其数据存储器空间分配如图 3-9 所示。

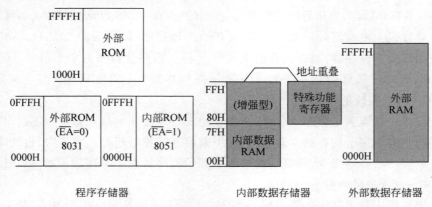

图 3-9　MCS-51 单片机 RAM 空间分配

MCS-51 系列单片机内部 RAM 虽然容量不大,但使用非常灵活,存取速度也最快,因此必须熟练掌握其空间分配及应用特点。图 3-10 所示为单片机片内 RAM 的默认分配图。

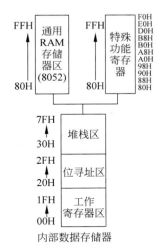

图 3-10 单片机片内 RAM 的默认分配图

由图 3-10 可见,MCS-51 系列单片机的片内 RAM 主要由五个区域组成,不同区域的存取特点各不相同,下面做具体介绍。

1)工作寄存器区

工作寄存器区共有 8 个单元位于片内 RAM 的 00H~07H,分别称为 $R_0 \sim R_7$。该区域的特点是存取数据时,既可以使用工作寄存器的名称,也可以给出绝对地址。例如,向 R_4 内存入一个数据,与向内部 RAM 的 04H 单元存入一个数据是等价的。另外,采用工作寄存器之后,还可以使用寄存器间接寻址方式存取数据,具体内容请参考本章的寻址方式部分。

需要注意的是,在 MCS-51 系列单片机中,工作寄存器组的位置是可以修改的,即 $R_0 \sim R_7$ 的位置可不一定在 00H~07H,其具体位置取决于 PSW(程序状态字)寄存器中的 RS_1、RS_0 两位,具体规定见表 3-3。

表 3-3 工作寄存器组

RS_1	RS_0	寄存器组	位 置
0	0	RB_0	00H~07H
0	1	RB_1	08H~0FH
1	0	RB_2	10H~17H
1	1	RB_3	18H~1FH

例如,当 RS_1、RS_0 分别为 0、1 时,由于 $R_0 \sim R_7$ 位于 08H~0FH,那么 R_6 的实际位置应该是在 0EH 单元。

当然,$R_0 \sim R_7$ 位于 08H~1FH 时,堆栈区的位置也应该改变,否则便会出现冲突。因此,可以肯定地说,堆栈区的位置也是可以修改的。

2)堆栈区

堆栈区的特点是存取数据时,可以不必给出数据地址,直接存取即可。数据的具体地址由堆栈指针 SP 确定,随着程序的执行,SP 的值可以自动进行调整。堆栈区的数据存取时遵循"先入后出,后入先出"的原则,一般用于中断服务子程序当中。

通过工作寄存器区的讨论,我们已知堆栈区的位置也是可以改变的。具体地说,只要改变 SP 的值,就可以修改堆栈区的具体位置。从理论上看,堆栈区可以位于内部 RAM 的任何一个位置。

3)位寻址区

MCS-51 单片机内部 RAM 的 20H~2FH 单元为 16 字节的位寻址区。所谓位寻址区,是指这些单元在进行数据存取时,既允许以字节(8 位)为单位,又允许以位为单位,即每次可以只向某个单元存入一个"0"或"1"。

位寻址区共 16 字节(128 位),其位寻址单元见表 3-4,其位地址范围为 00H~7FH。

另外,位地址为 80H~FFH 的空间在特殊功能寄存器区(SFR)中。

表 3-4 单片机位寻址单元

RAM 单元	D7	D6	D5	D4	D3	D2	D1	D0
2FH	7FH	7EH	7DH	7CH	7BH	7AH	79H	78H
2EH	77H	76H	75H	74H	73H	72H	71H	70H
2DH	6FH	6EH	6DH	6CH	6BH	6AH	69H	68H
2CH	67H	66H	65H	64H	63H	62H	61H	60H
2BH	5FH	5EH	5DH	5CH	5BH	5AH	59H	58H
2AH	57H	56H	55H	54H	53H	52H	51H	50H
29H	4FH	4EH	4DH	4CH	4BH	4AH	49H	48H
28H	47H	46H	45H	44H	43H	42H	41H	40H
27H	3FH	3EH	3DH	3CH	3BH	3AH	39H	38H
26H	37H	36H	35H	34H	33H	32H	31H	30H
25H	2FH	2EH	2DH	2CH	2BH	2AH	29H	28H
24H	27H	26H	25H	24H	23H	22H	21H	20H
23H	1FH	1EH	1DH	1CH	1BH	1AH	19H	18H
22H	17H	16H	15H	14H	13H	12H	11H	10H
21H	0FH	0EH	0DH	0CH	0BH	0AH	09H	08H
20H	07H	06H	05H	04H	03H	02H	01H	00H

例如,位地址 48H 实际位于 RAM 中 29H 的最低位,而位地址 67H 实际位于 RAM 中 2CH 单元的最高位。

4) 通用 RAM 存储器区

片内 RAM 区的 30H~7FH 单元为通用 RAM 区,该区域仅具有存储功能,在存取过程中必须通过存储单元的地址来完成。

5) 特殊功能寄存器区

片内 RAM 区的 80H~FFH 为特殊功能寄存器区,简称 SFR(special function register),共有 128 个单元。在 MCS-51 子系列中,有定义的为 21 个单元(见表 3-5);在 MCS-52 子系列中,有定义的为 26 个单元。

表 3-5 单片机特殊功能寄存器分布图

SFR	地址	各位功能及位地址							
B	F0H	位地址 功能	F7H B.7	F6H B.6	F5H B.5	F4H B.4	F3H B.3	F2H B.2	F1H B.1	F0H B.0
ACC	E0H	位地址 功能	E7H ACC.7	E6H ACC.6	E5H ACC.5	E4H ACC.4	E3H ACC.3	E2H ACC.2	E1H ACC.1	E0H ACC.0
PSW	D0H	位地址 功能	D7H CY	D6H AC	D5H F0	D4H RS1	D3H RS0	D2H OV	D1H —	D0H P
IP	B8H	位地址 功能	BFH —	BEH —	BDH —	BCH PS	BBH PT1	BAH PX1	B9H PT0	B8H PX0
P3	B0H	位地址 功能	B7H P3.7	B6H P3.6	B5H P3.5	B4H P3.4	B3H P3.3	B2H P3.2	B1H P3.1	B0H P3.0

续表

SFR	地址	各位功能及位地址							
IE	A8H	位地址 功能	AFH EA	AEH —	ADH —	ACH ES	ABH ET1	AAH EX1	A9H ET0	A8H EX0
P2	A0H	位地址 功能	A7H P2.7	A6H P2.6	A5H P2.5	A4H P2.4	A3H P2.3	A2H P2.2	A1H P2.1	A0H P2.0
SBUF	99H									
SCON	98H	位地址 功能	9FH SM0	9EH SM1	9DH SM2	9CH REN	9BH TB8	9AH RB8	99H TI	98H RI
P1	90H	位地址 功能	97H P1.7	96H P1.6	95H P1.5	94H P1.4	93H P1.3	92H P1.2	91H P1.1	90H P1.0
TH1	8DH									
TH0	8CH									
TL1	8BH									
TL0	8AH									
TMOD	89H	功能	GATE	C/$\overline{T}$	M1	M0	GATE	C/$\overline{T}$	M1	M0
TCON	88H	位地址 功能	8FH TF1	8EH TR1	8DH TF0	8CH TR0	8BH IE1	8AH IT1	89H IE0	88H IT0
PCON	87H	功能	SMOD	—	—	—	GF1	GF0	PD	IDL
DPH	83H									
DPL	82H									
SP	81H									
P0	80H	位地址 功能	87H P0.7	86H P0.6	85H P0.5	84H P0.4	83H P0.3	82H P0.2	81H P0.1	80H P0.0

其余没有定义的单元既没有特殊功能,也不能作为普通 RAM 单元使用,仅作为将来功能扩展之用。例如,Intel 公司的 8XC51GB 单片机比 8051 增加了 69 个单元,特殊功能寄存器达到 90 个,以适应内部 A/D、D/A、PWM 等功能部件的需要。

与通用 RAM 单元不同的是,每个 SFR 单元均有特殊功能。也就是说,当在某个 SFR 单元存入不同的数据后,可能会影响单片机的定时器、中断系统、串行口等功能部件的状态,而通用 RAM 单元仅具有存储功能,其数值不会对单片机的运行造成任何影响。

表 3-5 中,凡标注了位地址的单元,均表示该寄存器可以位寻址;没有标注地址的单元,则说明该寄存器不能位寻址,只能按字节存取。

MCS-51 子系列中的 21 个 SFR 的功能主要包括以下 6 个方面。

(1) 运算相关:共有 ACC、B、PSW 三个,其功能参见 3.2 节。

(2) 指针相关:共有 SP、DPL、DPH 三个,其中 SP 为堆栈指针,DPL 与 DPH 两个 8 位寄存器合并组成一个 16 位寄存器 DPTR,用来存放 16 位地址,以实现对片外 ROM、RAM 的访问。

(3) I/O 端口相关:共有 P0、P1、P2、P3 四个,分别对应于四个并行输入/输出接口,通过对这几个 SPR 的读/写,可以实现数据从相应端口的输入和输出。

(4) 中断相关:共有 IP、IE 两个,具体介绍请参见 3.5 节。

（5）定时/计数器相关：共有 TH1、TH0、TL1、TL0、TMOD、TCON 等 6 个，具体介绍请参见 3.6 节。

（6）SIO 端口相关：共有 SBUF、SCON、PCON 等 3 个，具体介绍请参见第 14 章。

关于单片机的 ROM 和 RAM，对比手机和个人计算机，大家可能会觉得其空间太小了，担心是否够用。这点在我们刚开始学习单片机时完全不必担心，初学时程序往往都比较简单，不会出现空间不够用的情况，后期当所编写程序比较大时，如果 ROM 或 RAM 不够用，可以采用外接扩展的方式或者更换更高级别的芯片来满足要求。

3.4　单片机 I/O 接口

在实际电路中，通常是用单片机作为控制核心来控制外部设备工作（如 LED、数码管、键盘等），而 I/O 接口就是单片机与外部设备连接的桥梁，所以掌握 I/O 接口的使用对单片机开发有着重要的作用。

如前所述，MCS-51 单片机共有 4 个并行 I/O 接口，分别为 P0、P1、P2 和 P3，其具体位置如图 3-11 所示。均可实现 8 位并行数据的输入与输出。

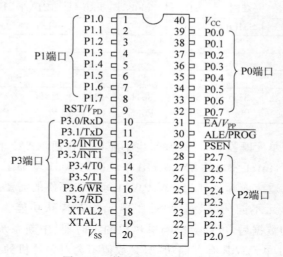

图 3-11　单片机 I/O 接口位置

虽然每个端口的功能相似，在有些时候可以通用，但它们的具体结构还是有区别的，因此在不同场合下具有不同的功能，有的 I/O 接口会具有第二甚至第三功能，这些功能往往具有特殊用途（如定时器、串行口通信等）。下面分别加以介绍。

1. P0 端口

P0 端口的内部结构如图 3-12 所示。其基本功能是并行数据的输入与输出，此外还可以作为单片机片外总线扩展时的地址总线低 8 位和数据总线。

2. P1 端口

P1 端口的内部结构如图 3-13 所示。在 4 个 I/O 接口中，P1 端口最简单，只具有并行数据的输入与输出功能。

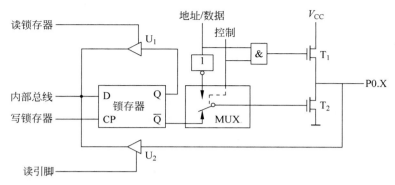

图 3-12　P0 端口内部结构

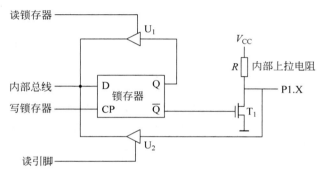

图 3-13　P1 端口内部结构

3. P2 端口

P2 端口的内部结构如图 3-14 所示。其基本功能也是并行数据的输入与输出,另外还可以作为单片机片外总线扩展时的地址总线高 8 位。

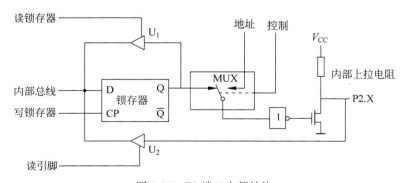

图 3-14　P2 端口内部结构

4. P3 端口

P3 端口的内部结构如图 3-15 所示。其基本功能也是并行数据的输入与输出,另外每个引脚均有第二功能。其中,P3.0(RxD)的第二功能为串行口输入,P3.1(TxD)的第二功能为串行口输出,P3.2(ITN0)的第二功能为外部中断 0 输入,P3.3(ITN1)的第二功能为外部中断 1 输入,P3.4(T0)的第二功能为计数器 0 的外部信号输入端,P3.5(T1)的第二功能为计数器 1 的外部信号输入端,P3.6(WR)的第二功能为外部数据存储器"写选通控制"输出,P3.7(RD)的第二功能为外部数据存储器"读选通控制"输出。

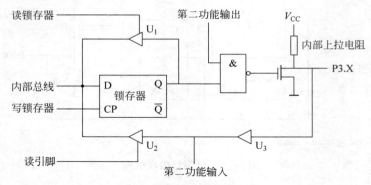

图 3-15　P3 端口内部结构

这么多 I/O 接口,我们如何进行使用呢？首先,单片机通过程序代码可以将某个 I/O 接口的状态设置为 0 或者 1,因为单片机是数字电路,其 I/O 接口的状态只有 0 和 1 两种状态,在 TTL 电平下,0 为 0V,1 为 5V。其次,根据被控制外设的原理来设计控制电路,不同的外设需要用到的 I/O 接口数量是不一样的,比如 1 个 LED 灯只需要 1 个 LED 口。最后,再根据整个电路的功能需求编写相应的代码。这样就完成了单片机对外部设备的控制。

下面以单个 LED 灯为例,简单介绍一下 I/O 接口的工作原理。如图 3-16 所示,控制

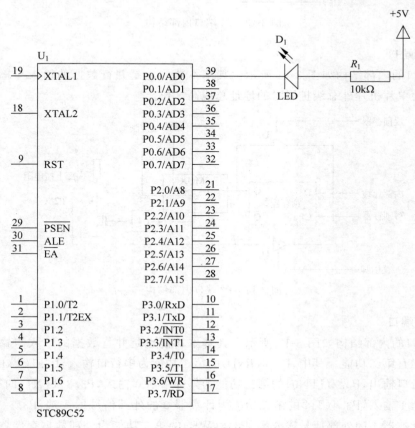

图 3-16　单片机控制单个 LED 灯

1 个 LED 灯,只需要 1 个 I/O 接口即可,我们可选择 P0.0(选择其他的也可以,原理一样),在图中,如果令 P0.0=0(0V),则 LED 灯亮;如果令 P0.0=1(5V),则 LED 灯灭,所以我们可以通过设置 P0.0 的值来控制 LED 灯的亮灭,如果通过代码交替设置 P0.0 状态,则可实现 LED 灯的闪烁功能。这就是通过 I/O 接口来控制外部设备的简单示例。

注意:Proteus 软件示意图中各端口的位置不是芯片本身的位置,在实际电路接线时要根据具体引脚位置来接,如 P0.0 要接在第 39 引脚的位置。

3.5 单片机中断系统

中断是现代计算机必须具备的重要功能,也是计算机发展史上的一个重要里程碑。因此,建立准确的中断概念并灵活掌握中断技术是学好本门课程的关键问题之一。那么,什么是中断呢?中断是一种工作机制,就是计算机(或单片机)在执行一个任务 A 时,允许被另外一个优先级别更高的任务 B 打断,先将当前任务 A 挂起,等执行完任务 B 后再回来继续执行任务 A 的工作模式(见图 3-17)。其实,中断的模式在人们日常生活中很常见。例如,当我们正在看书学习时,突然听到电话铃响了,那么我们可能会放下书,先去接听电话,等电话接听完后,再回来接着看书学习,这就是一种中断。有了中断的模式,我们可以更灵活地处理更多的任务;否则等一件事情完成后,另外一件事情可能已经被

图 3-17 中断程序执行示意图

耽误了(如接电话)。按照这一思想制成的现代计算机有以下优点。

1. 提高 CPU 的工作效率

CPU 有了中断功能,就可以通过分时操作启动多个外设同时工作,并能对它们进行统一管理。CPU 执行人们在主程序中安排的有关指令,可以令各外设与它并行工作,而且任何一个外设在工作完成后(如打印完第一个数的打印机)都可以通过中断得到满意服务(如给打印机送第二个需要打印的数)。因此,CPU 在与外设交换信息时通过中断就可以避免不必要的等待和查询,从而大大提高它的工作效率。

2. 可以提高实时数据的处理时效

在实时控制系统中,被控系统的实时参量、越限数据和故障信息必须为计算机及时采集,进行处理和分析判断,以便对系统实施正确的调节和控制。因此,计算机实时数据的处理时效常常是被控系统的生命,是影响产品质量和系统安全的关键。CPU 有了中断功能,系统的失常和故障就可以通过中断立刻通知 CPU,使它可以迅速采集实时数据和故障信息,并对系统做出应急处理。

单片机除了在主程序执行时被打断,在执行中断程序时如果遇到优先级别更高的中断,中断程序也会被挂起,从而执行优先级别更高的中断,这就是中断的嵌套,其执行过程示意如图 3-18 所示。

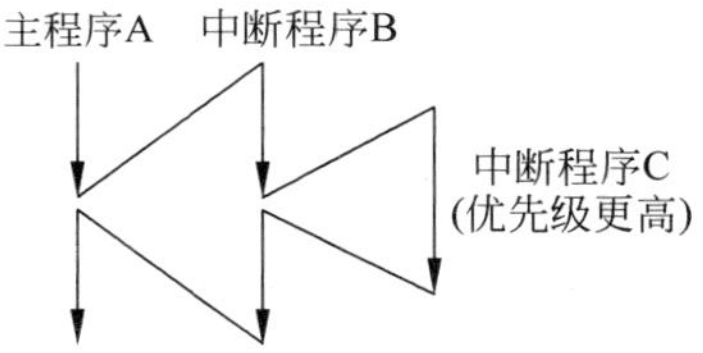

图 3-18 中断嵌套示意图

3.5.1 单片机的中断源

要想了解中断,首先要了解中断源,中断源是指中断的来源,就是什么信号能打断单片机的工作。在日常生活中,中断源可谓是五花八门,如电话铃、闹铃、敲门声、水壶水烧开的报警声、突发的各类状况等。因为单片机是数字电路,所以单片机的中断源只能是电信号,51 系列单片机最低有 5 个中断源(52 及以上型号有 6 个),见表 3-6。

表 3-6　51 系列单片机中断源及级别

中断源	中 断 名 称	默认中断级别	序号(C语言用)	入口地址(汇编语言用)
INT0	外部中断 0	最高	0	0003H
T0	定时器/计数器 0 中断	第 2	1	000BH
INT1	外部中断 1	第 3	2	0013H
T1	定时器/计数器 1 中断	第 4	3	001BH
TI/RI	串行口中断	第 5	4	0023H

这 5 个中断源的符号和功能含义如下。

(1) INT0:外部中断 0,由 P3.2 端口线引入,低电平或下降沿引起。

(2) INT1:外部中断 1,由 P3.3 端口线引入,低电平或下降沿引起。

(3) T0:定时器/计数器 0 中断,由 T0 定时器/计数器计数满回零引起。

(4) T1:定时器/计数器 1 中断,由 T1 定时器/计数器计数满回零引起。

(5) TI/RI:串行口中断,由单片机串行通信端口完成一帧字符发送/接收后引起。

定时器/计数器是单片机内部的一个计时(或计数)单元,相当于一个闹钟或计数器,其具体结构及功能在 3.6 节进行详细介绍。

3.5.2 中断允许寄存器

虽然单片机设置了这么多中断源,但在实际使用时是否让这些中断源都开放,则根据需要,不需要的中断源可以关闭。就像我们有时在开重要会议时要求把电话关闭或设置为静音一样(相当于关闭电话铃声中断源)。单片机对中断源的管理是通过一个特殊功能寄存器 IE 来完成的,IE 被称为中断允许寄存器,它就相当于一组开关(与控制电源的空气开关很像),可以控制每个中断源的打开与关闭,在实际使用时可根据需要打开或关闭响应的中断源,其具体功能见表 3-7。

表 3-7　中断允许寄存器 IE

IE	D7	D6	D5	D4	D3	D2	D1	D0
位名称	EA	—	—	ES	ET1	EX1	ET0	EX0
位地址	AFH	—	—	ACH	ABH	AAH	A9H	A8H
中断源	总开关	—	—	TI/RI	T1	INT1	T0	INT0

下面对 IE 各位的含义和作用分析如下。

(1) EA:EA 为允许中断总控位,位地址为 AFH。EA 的状态可由用户通过程序设定:若使 EA=0,则 MCS-51 的所有中断源请求均被关闭;若使 EA=1,则 MCS-51 所有中断源的中断请求均被开放,但它们最终是否能为 CPU 响应还取决于 IE 中相应中断源的中断允许控制位状态。

(2) EX0 和 EX1:EX0 为 INT0 中断请求控制位,位地址是 A8H。EX0 状态也可由用户通过程序设定:若使 EX0=0,则 INT0 上的中断请求被关闭;若使 EX0=1,则 INT0 上的中断请求被允许,EX1 为 INT1 中断请求允许控制位,位地址为 AAH,其作用和 EX0 相同。

(3) ET0 和 ET1:ET0 为定时器 T0 的溢出中断允许控制位,位地址是 A9H。ET0 状态可以由用户通过程序设定:若 ET0=0,则定时器 T0 的溢出中断被关闭;若 ET0=1,则定时器 T0 的溢出中断被开放。ET1 为定时器 T1 的溢出中断允许控制位,位地址是 ABH。

(4) ES:ES 为串行口中断允许控制位,位地址是 ACH。ES 状态可由用户通过程序设定:若 ES=0,则串行口中断被禁止;若 ES=1,则串行口中断被允许。

在 MCS-51 复位时,IE 各位被复位成"0"状态,CPU 因此而处于关闭所有中断状态。所以,在 MCS-51 复位以后,用户必须通过主程序中的指令来开放所需中断,以便相应中断请求来到时被 CPU 所响应。

3.5.3 中断优先级寄存器

对于上述中断源,单片机默认有不同的优先级。其中断优先级顺序分别为:INT0>T0>INT1>T1>TI/RI。如果在实际使用中,需要调整某个中断的优先级,则可以通过中断优先级寄存器 IP 来控制,IP 的具体内容如表 3-8 所示。

表 3-8 中断优先级控制寄存器 IP

IP	D7	D6	D5	D4	D3	D2	D1	D0
位名称	—	—	—	PS	PT1	PX1	PT0	PX0
位地址	—	—	—	BCH	BBH	BAH	B9H	B8H
中断源	—	—	—	TI/RI	T1	INT1	T0	INT0

(1) PX0 和 PX1:PX0 是 INT0 中断优先级控制位,位地址为 B8H。PX0 的状态可由用户通过程序设定:若 PX0=0,则 INT0 中断被定义为低中断优先级;若 PX0=1,则 INT0 被定义为高中断优先级。PX1 是 INT1 中断优先级控制位,位地址是 BAH,其作用和 PX0 相同。

(2) PT0 和 PT1:PT0 称为定时器 T0 的溢出中断控制位,位地址是 B9H。PT0 状态可由用户通过程序设定:若 PT0=0,则定时器 T0 被定义为低中断优先级;若 PT0=1,则定时器 T0 被定义为高中断优先级。PT1 为定时器 T1 的溢出中断控制位,位地址是 BBH。

(3) PS:PS 为串行口中断控制位,位地址是 BCH。PS 状态也由用户通过程序设定:若 PS=0,则串行口中断定义为低中断优先级;若 PS=1,则串行口中断定义为高中断优先级。

IP 的默认值为 0,所以各中断源优先级为默认优先级 INT0＞T0＞INT1＞T1＞TI/RI。如果将某些位设置为 1,则可提高其优先级别。例如,将 PS 和 PT0 位设为 1,其他位设为 0,则整个中断系统的优先级会变成：T0＞TI/RI＞INT0＞INT1＞T1。

3.5.4 中断标志及控制寄存器

在单片机系统中,除了 IE 和 IP,还有 TCON 和 SCON 与中断相关。

1. TCON 寄存器

TCON 寄存器有两个功能,其高 4 位是作为定时器 T0 和 T1 中断标志和启动控制。其低 4 位是作为 INT0 和 INT1 的中断标志和触发方式控制,见表 3-9。

表 3-9　TCON 位功能

TCON	D7	D6	D5	D4	D3	D2	D1	D0
位名称	TF1	TR1	TF0	TR0	IE1	IT1	IE0	IT0
位地址	8FH	8EH	8DH	8CH	8BH	8AH	89H	88H
功能	T1 中断标志	T1 启动控制	T0 中断标志	T0 启动控制	INT1 中断标志	INT1 触发方式	INT0 中断标志	INT0 触发方式

(1) TF1：定时器 T1 溢出中断请求标志,T1 计数溢出后,TF1＝1。

(2) TF0：定时器 T0 溢出中断请求标志,T0 计数溢出后,TF0＝1。

(3) IE1：外中断请求标志,当 P3.3 引脚信号有效时,IE1＝1。

(4) IE0：外中断请求标志,当 P3.2 引脚信号有效时,IE0＝1。

(5) IT1：外中断触发方式控制位,IT1＝1,边沿触发方式；IT1＝0,电平触发方式。

(6) IT0：外中断触发方式控制位,其意义和功能与 IT1 相似。

(7) TR1：定时器 T1 启动位,置 1 时启动。

(8) TR0：定时器 T0 启动位,置 1 时启动。

2. SCON 寄存器

SCON 寄存器中有两位与中断相关,见表 3-10。

表 3-10　SCON 位功能

SCON	D7	D6	D5	D4	D3	D2	D1	D0
位名称	—	—	—	—	—	—	TI	RI
位地址	—	—	—	—	—	—	99H	98H
功能	—	—	—	—	—	—	串行口发送中断标志位	串行口接收中断标志位

(1) TI：串行口发送中断标志位。每发送完一个串行帧,由硬件置位 TI。CPU 响应中断时,不能自动清除 TI,TI 必须由软件清除。

(2) RI：串行口接收中断标志位,当允许串行口接收数据时,每接收完一个串行数据,由硬件置位 RI。同样,RI 必须由软件清除。

51 系列中断系统如图 3-19 所示。

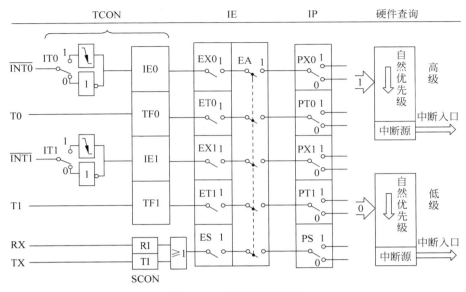

图 3-19　51 系列中断系统

3.5.5 中断响应

在前面介绍了中断源及中断控制的相关寄存器功能,本小节将介绍单片机是如何响应中断的。当打开某个中断,以及收到中断信号后,单片机是能够自动检测到中断并做出响应的。就相当于我们在看书时电话铃响了,对我们来说,电话铃一响,我们的耳朵就会自动感应到,并不需要花额外的精力去查询这个信号。CPU 一旦检测到中断信号,如果该中断信号的优先级比当前程序的优先级高,那么单片机会自动转入中断程序。不同的中断源有不同的中断服务程序入口,见表 3-11。在编写程序时,需要将对应的中断程序放入相应的入口地址(在 C 语言中用编号),这样单片机一旦检测到某个中断,就会自动跳转到该入口程序,从而执行相对应的中断程序。

表 3-11　中断服务程序入口

中断源	中断服务程序入口
INT0	0003H
T0	000BH
INT1	0013H
T1	001BH
TI/RI	0023H

3.6　单片机定时器/计数器

定时器/计数器是单片机内部一种专门用来计时或者计数的部件,有了定时器/计数器,单片机就可以将很多利用 CPU 来完成的计时或计数的功能用定时器/计数器来完成。

不仅大大地减轻了 CPU 的负荷,还提高了程序精度。定时器/计数器也是现代计算机基本的硬件配置之一,51 系列单片机配置了 2 个 16 位定时器/计数器,52 系列配置了 3 个定时器/计数器。本节将详细地介绍其结构、功能和应用。

3.6.1 51 单片机定时器/计数器结构及原理

51 单片机芯片内包含有两个 16 位的定时器/计数器,分别称为 T0 和 T1,其结构及其与 CPU 的关系如图 3-20 所示。

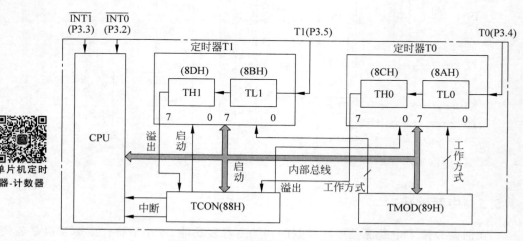

图 3-20　51 单片机定时器/计数器结构框图

单片机可由软件设置为定时或计数工作方式,在定时或计数工作方式下,又可被设置为工作方式 0、1、2 或 3。这些功能均由特殊功能寄存器 TMOD 和 TCON 所控制,即均可通过软件设定。当定时器/计数器工作在定时方式时,其定时脉冲由内部产生,即通过对时钟脉冲进行 12 分频得来。在计数方式时,外部计数脉冲通过引脚 T0(P3.4)和 T1(P3.5)输入,并对其进行计数。

由图 3-20 可见,与定时器/计数器相关的特殊功能寄存器一共有 6 个。其中两个 16 位定时器/计数器 T0 和 T1 分别由两个 8 位寄存器组成,即 T0 由 TH0 和 TL0 构成,T1 由 TH1 和 TL1 构成,其 RAM 地址依次为 8CH、8AH、8DH 和 8BH,用于存放定时器/计数器的初值。此外,在定时器/计数器中还有两个 8 位特殊功能寄存器,一个是定时/计数方式寄存器 TMOD,另一个是定时/计数控制寄存器 TCON。TMOD 主要用于确定定时器/计数器的工作方式,TCON 主要用于控制定时器/计数器的启动与停止。

当定时器/计数器作为定时工作时,计数器的加 1 信号由振荡器的 12 分频信号产生,即每过 1 个机器周期,计数器加 1,直至计数溢出为止。显然,定时器的定时时间与系统的振荡频率有关。因为 1 个机器周期等于 12 个振荡周期,所以计数频率 $f_C = f_{OSC}/12$。例如,当晶振为 12MHz 时,计数周期为 $1\mu s$,这是最短的定时周期。若要改变定时时间,需要通过改变定时器的初值及设置合适的工作方式来实现。

当定时器/计数器作为计数器工作时,通过引脚 T0 和 T1 外部信号进行计数。计数器每个机器周期的 S5P2 期间采用引脚输入电平,若一个机器周期的采样值为 1,而下一个机器周期采样值为 0,则计数器加 1。在此后的机器周期 S3P1 期间,新的计数值装入计数器。所以,检测一个由 1 至 0 的跳变需要两个机器周期,外部事件的最高技术频率为振荡频率的 1/24。例如,如果选用 12MHz 晶振,则最高计数频率为 0.5MHz。另外,虽然对外部输入信号的占空比无特殊要求,但为了确保其给定电平在变化前至少被采样一次,则外部计数脉冲的高电平与低电平保持时间均须在一个机器周期以上。

当用软件给定时器/计数器设置某种工作方式之后,定时器/计数器就会按设定的工作方式自动运行,而不再占用 CPU 的操作时间。只有定时器/计数器计满溢出,才可能中断 CPU 当前操作。当然,CPU 也可以随时重新设置定时器/计数器的工作方式,以改变定时器/计数器的操作。由此可见,定时器/计数器是单片机中效率高而且工作灵活的部件。

定时功能和计数功能的设定和控制都是通过软件来设置的。若是对单片机的 T0 或 T1 引脚上输入的一个 1 到 0 的跳变进行计数增 1,即计数功能;若是对单片机内部的机器周期进行计数,从而得到定时,即是定时功能。

此外,MCS-51 的定时器/计数器除了可用于定时器或计数器,还可以用于串行口的波特率发生器和用于工业检测等场合。

3.6.2 定时器/计数器的控制

单片机对定时器/计数器的控制主要通过 TMOD 和 TCON 两个特殊寄存器来实现。

1. 定时器/计数器的方式寄存器 TMOD

定时器/计数器的方式寄存器 TMOD 的主要功能是用来设置定时器/计数器的工作方式、计数信号源及启动定时器/计数器方式等,见表 3-12。

表 3-12 TMOD 位功能表

定时器/计数器	T1				T0			
位号	D7	D6	D5	D4	D3	D2	D1	D0
功能	GATE	C/T	M1	M0	GATE	C/T	M1	M0

各位功能如下。

M1 和 M0:工作方式选择位。由 M1 和 M0 组合可以定义四种工作方式,见表 3-13。

表 3-13 单片机工作模式及其计数范围

模式	M1M0	位数	计数范围	其他功能
Mode 0	00	13	0~8191	
Mode 1	01	16	0~65535	
Mode 2	10	8	0~255	具有自动重载功能
Mode 3	11	8	0~255	

Mode 0 工作方式提供两个 13 位的定时器/计数器(T0 和 T1),其计数值分别放置在 THx(指 TH0 或 TH1 中的某一个,下同)与 TLx(指 TL0 或 TL1 中的某一个,下同)两个 8 位寄存器中,其中 THx 放置 8 位,TLx 放置 5 位,如图 3-21 所示。

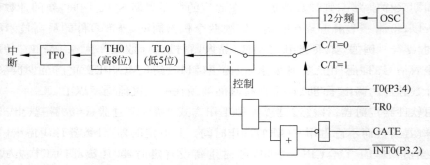

图 3-21 Mode 0 工作方式(以 T0 为例)

Mode 1 工作方式提供两个 16 位的定时器/计数器(T0 和 T1),其计数值分别放置在 TH_x 与 TL_x 两个 8 位寄存器中,每个寄存器均寄存 8 位二进制数。其结构如图 3-22 所示,该工作方式和 Mode 0 完全一样,而且计数范围还比 Mode 0 更大,所以在实际应用中基本上都是使用 Mode 1,很少使用 Mode 0,设计 Mode 0 的主要目的是与 51 系列前的单片机(如 8048 系列)相兼容。

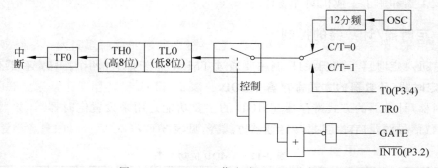

图 3-22 Mode 1 工作方式(以 T0 为例)

Mode 2 工作方式提供两个 8 位可自动加载的定时器/计数器(T0 和 T1),其计数值放置在 TL_x 寄存器中,当该定时器/计数器中断时,会自动将 TH_x 寄存器中的初始值载入 TL_x 中,由于只有 8 位,因此,其计数范围为 0~255,如图 3-23 所示。

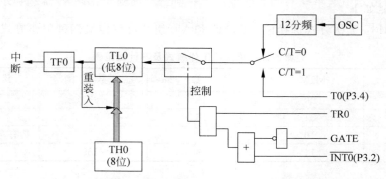

图 3-23 Mode 2 工作方式(以 T0 为例)

Mode 3 工作方式是一种特殊的方式,提供一个 8 位定时器/计数器 T0 及一个 8 位定时器/计数器 T1,如图 3-24 所示,其特殊的结构已经不太像一个真正的 T0 或 T1,主要应用在串行口通信中,此处不再赘述。

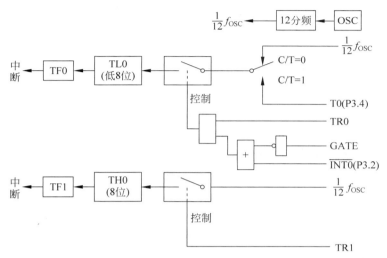

图 3-24　Mode 3 工作方式

C/T 为定时/计数功能选择位。当 C/T=0 时,为定时器方式;当 C/T=1 时,为计数器方式。GATE 为门控位。当 GATE=0 时,只要控制位 TR0 或 TR1 置 1,即可启动相应的定时器/计数器,当 GATE=1 时,除需要将 TR0 或 TR1 置 1 外,还是要将引脚 INT0(P3.2)或 INT1(P3.3)置为高电平,才能启动相应的定时器/计数器,详细介绍见下一节。需要说明的是,TMOD 不能进行位寻址,只能用自己传送指令来设置定时器/计数器的工作方式,低 4 位用于定义定时器/计数器 T0,高 4 位用于定义定时器/计数器 T1。单片机复位时,TMOD 所有位均为 0,定时器/计数器处于停止工作状态。

2. 定时器/计数控制寄存器

控制寄存器 TCON 的作用是控制定时器的启动和停止,同时标志定时器的溢出和中断情况,其 RAM 字节地址是 88H,格式见表 3-14。

表 3-14　TCON 位功能表

位号	D7	D6	D5	D4	D3	D2	D1	D0
地址	8FH	8EH	8DH	8CH	8BH	8AH	89H	88H
功能	TF1	TR1	TF0	TR0	IE1	IT1	IE0	IT0

各位功能分别如下所述。

(1) TF1:定时器 T1 中断标志位。当 TF1=1 时,定时器 T1 溢出,向 CPU 申请中断;当 TF1=0 时,定时器 T1 没有溢出。

(2) TR1:定时器 T1 运行控制位。当 TR1=1 时,启动定时器 T1;当 TR1=0 时,关闭定时器 T1。

(3) TF0:定时器 T0 中断标志位。当 TF0=1 时,定时器 T0 溢出,向 CPU 申请中断；当 TF0＝0 时，定时器 T0 没有溢出。

（4）TR0：定时器 T0 运行控制位。当 TR0＝1 时，启动定时器 T0；当 TR0＝0 时，关闭定时器 T0。

TCON 中其他各位在 3.5 节中断系统中已讨论过，在此不再赘述。

控制寄存器 TCON 是可以位寻址的，因此如果只启动定时器工作，则可以用位操作指令来实现。例如，执行"SETB TR0"指令后，即可启动定时器 T0 开始工作（当然前面还要设置方式字）。当系统复位时，TCON 的所有位均清零。

3. 初始值的设置

1）定时器/计数器的初始化

由于定时器/计数器的功能是通过编程确定，所以一般在使用定时器/计数器前都要对其进行初始化，使其按设定的方式工作。初始化步骤如下所述。

（1）确定工作方式：通过对 TMOD 赋值实现。

（2）预置定时器/计数器的初值：直接将初值写入 TH0、TL0 或 TH1、TL1。

（3）根据需要开放定时器/计数器的中断：直接对 IE 寄存器的相应位赋值。

（4）启动定时器/计数器：若已规定用软件启动，则可把 TR0 或 TR1 置"1"。

由外中断引脚电平启动，则需要给引脚加启动电平。当达到启动要求之后，定时器即按规定的工作方式和初始值开始定时和计数。

2）定时器/计数器初值的确定

不同工作方式下，计数器位数不同，因此其最大计数值也不同。假设最大计数值为 M，各种工作方式下的 M 值如下。

（1）Mode 0（13 位）：$M=2^{13}=8192$。

（2）Mode 1（16 位）：$M=2^{16}=65536$。

（3）Mode 2（8 位）：$M=2^8=256$。

（4）Mode 3（8 位）：将定时器 T0 分成两个 8 位定时器/计数器，所以两个 M 均为 256。

因为定时器/计数器是"加 1"计数，并在计满溢出时产生中断，故初值 X 的计算公式为

$$X = M - 计数值$$

下面举例说明定时器/计数器的初值的计算方法。若已知单片机的时钟频率为 12MHz，要求利用 T1 产生 2ms 的定时，工作方式选择 Mode 1，试计算初值。

在时钟频率为 12MHz 时，计数器每"加 1"一次所需要的时间为 1μs。如果要产生 2ms 的定时时间，则需"加 1"的次数为 2ms/1μs＝2000，即计数值为 2000，那么：

$$初值\ X = M - 计数值 = 65536 - 2000 = 63536 = F830H$$

其指令如下：

```
MOV   TH1,   ＃0F8H
MOV   TL1,   ＃30H
```

在实际编程中，这样计算初值为很麻烦，而在 Mode 0 下计算初值会更麻烦。因此，在实际使用中编译器可以支持更为简单的赋值方法，因为 Mode 0 用得很少，且可以用 Mode 1 取代，Mode 3 用法和 Mode 2 相同，因此下面仅以 Mode 1 和 Mode 2 为例进行说明。

现假如计数值为 200,则可使用如下方法。

(1) 用汇编语言编程时,采用 Mode 1,可用如下代码实现。

```
MOV   TL0, #LOW(65536 - 200)
MOV   TH0, #HIGH(65536 - 200)
```

若采用 Mode 2,则可用如下代码实现。

```
MOV   TL0, #(256 - 200)
MOV   TH0, #(256 - 200)
```

(2) 用 C 语言编程时,采用 Mode 1,可用如下代码实现。

```
TH0 = (65536 - 200)/256;
TL0 = (65536 - 200) % 256;
```

若采用 Mode 2,则可用如下代码实现。

```
TH0 = 256 - 200;
TL0 = 256 - 200;
```

本 章 小 结

理解和掌握单片机的内部结构,对单片机课程的学习至关重要。本章对单片机的 CPU、存储器、I/O 接口、中断系统、定时器系统等核心部件进行了详细的讲解和分析。为后续项目开发提供理论基础。

习 题

1. MCS-51 系列单片机的存储器主要有 4 个物理存储空间,即片内数据存储器、片内程序存储器、片外数据存储器、_____。

2. 单片机的系统总线有_____、控制总线、地址总线。

3. MCS-51 的中断源有_____、定时器 T0、外部中断 1、定时器 T1 和串行口。

4. 在 MCS-51 系列单片机的 4 个并行输入/输出端口中,常用于第二功能的是_____口。

5. MCS-51 系列单片机定时器的内部结构由以下 4 部分组成:定时器 T0、定时器 T1、定时器方式寄存器 TMOD 和_____。

6. MCS-51 系列单片机的 CPU 主要由_____和_____组成。

7. 在单片机中,通常将一些中间计算结果放在_____。

8. 定时器 T1 的中断号为_____。

9. MCS-51 系列单片机最大可以扩展_____KB 程序存储器。

10. MCS-51 单片机能提供几个中断源?几个优先级?各个中断源的优先级怎样确定?同一优先级的各个中断源的优先顺序怎样确定?

实践作业 3

班级		学号		姓名	
任务要求	列出单片机内部主要模块的名称及功能,简要说明单片机工作时这些模块之间是如何相互配合的。				
实施过程					

第4章 单片机指令系统

学习目标
(1) 了解汇编语言的概念。
(2) 了解单片机的寻址方式。
(3) 了解单片机的指令系统。
(4) 了解用 Keil 软件编写单片机汇编语言程序的方法。

在第3章学习完单片机的内部结构和工作原理后,我们已经对单片机有了基本的认识。在此基础上,本章将介绍单片机的寻址方式和指令系统,为读者进一步理解单片机的工作原理和后续编程打下基础。

4.1 汇 编 语 言

4.1.1 汇编语言简介

人们需要计算机所做的任何工作,都必须以计算机所能识别的指令形式输入计算机。一条条有序指令的集合称为程序,计算机的工作过程也就是执行程序的过程。程序设计的规则是实现程序设计、人机信息交流的必备工具,根据人机界面的不同,程序设计语言可分为机器语言、汇编语言和高级语言3种。

1. 机器语言

单片机的 CPU 能够直接识别并执行的指令代码规则称作机器语言。机器语言的指令及地址均为二进制代码形式,而且不同 CPU 的指令格式各不相同。显然,对于编程者来说,机器语言不便于记忆和交流,也极易出错,因此一般不采用机器语言直接进行编程。但是,任何用其他语言编写的程序,最终必须转换为机器语言的指令代码,才能被单片机识别和执行。

2. 汇编语言

汇编语言是一种采用助记符表示的机器语言,也就是用助记符来表示指令的操作码和操作数,用标号或符号表示地址、常数和变量,以便于记忆和交流。助记符一般是英文单词的缩写,使用比较方便。用助记符写成的程序称为源程序,必须翻译成机器语言的目标代码,计算机才能执行。当然,中间的翻译工作一般由专门的汇编程序软件来完成,不必人工逐条编译。

3. 高级语言

高级语言使用接近人们的自然语言及数学表达式来编写程序,这样可以大大提高编程效率,而且高级语言脱离了计算机机型的限制,由其编制的程序具有通用性和可移植性,在计算机技术中得到了广泛的应用。常用的高级语言包括 Java、C、C++、C♯、Pascal、Python 等。

在 MCS-51 单片机的控制程序中,既可使用汇编语言编写,也可使用 C 语言编写,两者各有优缺点,使用汇编语言编写必须熟练掌握单片机的存储空间及体系结构,对深入掌握单片机具有非常重要的意义;但缺点是汇编语言编写烦琐,体系结构不如 C 语言清晰,尤其对大型程序,编写复杂。使用 C 语言编写程序的优点是程序编写简单,体系结构清晰;缺点是对单片机内部结构及存储空间了解不深。

4.1.2 汇编语句格式

汇编语言程序是由一条条助记符指令组成的,助记符指令通常由操作码和操作数两部分构成,而助记符指令再加上标号、注释等内容便构成了汇编语句。

1. 指令格式

指令由操作码和操作数构成。操作码用来规定要执行操作的性质,操作数用于指定操作的地址和数据。

例如,指令"ADD A,B"的功能是将累加器 A 与寄存器 B 中的数据相加,将结果存入累加器 A 中。其中,ADD 表示加法,是指令的操作码;而 A、B 表示加法运算数据的来源,是指令的操作数。

每条指令必须有一个操作码,操作数则可能有 1 个、2 个或者 3 个,也有个别指令不带操作数。每条指令包括的操作数不同,所占 ROM 空间自然也不同。根据指令所占 ROM 空间的多少,可将指令分为单字节指令、双字节指令和三字节指令。

2. 汇编语句格式

一条完整的汇编语句由四部分构成,如下所述。

[标号:] 操作码 [操作数] [;注释]

其中,操作码为必选项,如缺少操作码,将无法构成汇编语句,其他三部分均为可选项。方括号内的项目表示可选项,也就是说,汇编语句既可以只包括操作码,也可以包括全部四部分或两部分或三部分。

四个部分之间必须用规定的分隔符分开。标号与操作码之间用":"分隔,操作码与操作数之间用空格分隔,两个操作数之间用","分隔,操作数与注释之间用";"分隔。

标号由用户定义的符号组成,由 1~8 个字母和数字构成,且第一个字符必须为英文字母。标号代表了该指令第一字节所在的 ROM 单元地址,所以标号又称作符号地址。在对汇编源程序进行汇编的过程中,标号部分全部赋以相应的 ROM 地址。下面给出一些常见的错误标号和相应的正确标号,以加深理解。

     错误的标号   正确的标号
1NEQ:(以数字开头)   NEQ1:

LOOP(无冒号)	LOOP:
TA + TB:("＋"号不合法)	TATB:
MOV:(指令助记符)	MOV1:

注释部分主要是为了方便程序的阅读和调试,注释的有无不会对程序的执行造成任何影响。为提高程序的可读性,以便于相互交流,通常要在重要的指令后面加上注释。

3. 常用符号说明

为方便和简洁地表达,在常用指令的操作数部分使用一些特殊符号。在介绍指令系统之前,先将这些符号的含义列出,以便于学习过程中查阅。

Rn：表示工作寄存器 R0~R7 中的一个,即 $n=0$~7。

Ri：表示 R0、R1 中的一个,即 $i=0$、1。

direct：表示 8 位 RAM 地址。其中 SFR 部分既可以使用寄存器的名称,也可以直接使用 8 位 RAM 地址。例如,P1 与地址 90H 是等价的。

♯data：表示 8 位常数。

♯data16：表示 16 位常数。

addr16：表示 16 位地址。

addr11：表示 11 位地址。

rel：表示 8 位带符号的地址偏移量(补码形式),其取值范围为 -128~$+127$。

bit：表示内部 RAM 中具有位寻址能力的位地址。同样,在 SFR 区中,各位既可以用位名称也可以用位地址。例如,PSW 寄存器中 F0 位也可以写成 PSW.5 或者位地址 D5H。

@：表示间接寻址或基址寄存器的前缀。

$：表示当前指令的地址。

/：位操作数的前缀,表示对该位取反。

A：累加器(Acc 寄存器)。

C：进位标志位(PSW 寄存器中 CY 位),在逻辑运算过程中相当于累加器。

DPTR：16 位数据指针,实际由 DPH、DPL 两个寄存器组成。

(X)：表示单元地址或寄存器中的内容。

((X))：表示以(X)为地址的间接寻址单元的内容。

→：表示将箭头左边的内容送入右边的单元。

4.2 寻址方式

操作数是指令的重要组成部分,所以也就存在着怎样取得操作数的问题。在计算机中只有指定了单元才能得到操作数。所谓寻址方式,就是单片机寻找存放操作数的地址或位置并将其提取出来的方法。我们知道,单片机的指令由操作码和操作数组成,操作码规定了指令的操作性质,如加、减、与、或等运算,而参与这些操作的数便是操作数。这些操作数存放在什么地方,以什么方式寻找,操作完成之后的结果又以什么方式存放,存放到什么地方去,这些问题都需要解决,这就是寻址的过程。

在两个操作数的指令中,把左操作数称为目的操作数,右操作数称为源操作数。我们所说的寻址方式一般都是针对源操作数。

不同类型的计算机,其寻址方式也不尽相同。寻址方式越多,灵活性越大,其功能也就越强。MCS-51 单片机共有 7 种寻址方式,下面分别介绍。

1. 寄存器寻址

寄存器寻址是指参与操作的数据存放在寄存器中,指出寄存器就能获得操作数。可以实现寄存器寻址的寄存器有 A、B、R0~R7、DPTR、C(位操作)等。例如:

MOV A,R2

该指令的功能是将工作寄存器 R2 中的内容传送到累加器 A 中。在这条指令中,"源操作数(R2)"和"目的操作数(A)"都采用了寄存器寻址方式。

2. 直接寻址

直接寻址是指在指令中直接给出操作数的地址。单片机内部 RAM 的所有空间均可以实现直接寻址。例如:

MOV A,36H

该指令的功能是将内部 RAM 中 36H 单元里的数据传送到累加器 A 中。在该指令中"源操作数(36H)"属于直接寻址,"目的操作数(A)"仍为寄存器寻址。

3. 寄存器间接寻址

寄存器间接寻址是指寄存器的内容本身不是操作数,而是操作数的地址,即操作数是通过将寄存器中的内容作为地址而间接得到的。寄存器间接寻址的符号为@,能够使用该寻址方式的只有 R0、R1 和 DPTR 寄存器。例如:

MOV A,@R1

该指令的功能是先读出工作寄存器 R1 中的内容,然后将其作为地址,再读出该地址对应单元的内容,并将其传送到累加器 A 中。假定(R1)=30H,(30H)=45H,则指令执行结果是将 45H 这个数送入累加器 A 中。

4. 立即寻址

立即寻址就是操作数在指令中直接给出,而不必再到 RAM 单元中寻找。指令中给出的操作数通常称为立即数,前面加符号♯。例如:

MOV A,♯36H

该指令的功能是将 36H 这个数直接送到累加器 A 中。再如:

MOV DPTR,♯3456H

该指令的功能是将 3456H 这个数直接送到 DPTR 寄存器中,实际是将 34H(高 8 位)这个数送到 DPTR 寄存器中,而将 56H(低 8 位)这个数送到 DPL 寄存器中。

5. 变址寻址

变址寻址是指以数据指针 DPTR 或指针 PC 为基址寄存器,累加器 A 作为相对偏移量寄存器,并将两者的内容之和作为操作数地址。这种寻址方式只用于从程序寄存器

ROM 中取出数据,然后传送到累加器 A 中。例如:

MOVC A,@ A+DPTR

假设初始状态下(A)=00H,(DPTR)=1200H,则指令的功能是取出程序寄存器 1200H 单元的内容,然后传送到累加器 A 中。同理,若(A)=02H,(DPTR)=3400H,则向 A 中传送的数据来源于 ROM 中的 3402H 单元。

6. 相对寻址

相对寻址只能用于控制转移类指令之中,是以程序指针 PC 中当前值为基准,再加上指令中所给出的相对偏移量 rel,以此值作为程序转移的目标地址。其中,相对偏移量 rel 是一个带符号的 8 位二进制数,取值范围-128~+127,在指令中以补码表示。

在实际应用中,经常需要根据已知的源地址和目标地址计算相对偏移量,其计算公式如下:

$$rel = 目标地址 - 源地址 - 转移指令本身的字节数$$

例如,若源地址为 1003H,目标地址为 0F85H,则当执行指令"JC rel"时,由于 JC 指令本身占用 2 字节,那么

$$rel = 0F85H - 1003H - 02H = 80H$$

即实际的指令应该写成"JC 80H"。

7. 位寻址

位寻址就是指令中的操作数为其存储单元的 1 位,而不是 1 字节。位地址的表示有直接位地址、位单元名称、单元地址或名称加位数等几种方法。例如:

MOV C,48H

该指令的功能是把位地址 48H 中的信息(0 或 1)传送到位累加器 C 中。

4.3 指 令 系 统

MCS-51 单片机指令系统共有 42 种助记符,代表了 33 种功能。指令助记符与各种可能的寻址方式相结合,共构成 111 条指令(其操作码共有 255 条)。从指令长度上看,单字节指令为 49 条,双字节指令为 45 条,三字节指令为 17 条;从指令执行时间来看,单机器周期指令为 64 条,双机器周期指令为 45 条,四机器周期指令为 2 条;从功能上看,数据传送类指令为 29 条,算术运算类指令为 24 条,逻辑运算类指令为 24 条,控制转移类指令为 17 条,位操作类指令为 17 条。

下面按功能分类对指令系统做具体介绍。

4.3.1 数据传送类指令

数据传送类指令是最常用、最基本的一类指令。这类指令的操作一般是把源操作数传送到目的操作数,指令执行后,源操作数不变,目的操作数修改为源操作数。但交换型指令不会丢失目的操作数,它只是把源操作数和目的操作数交换了存放单元。传送类指令一般不影响标志位,只有堆栈操作可以直接修改程序状态字 PSW。另外,传送目的操

作数为累加器 A 的指令将影响奇偶标志 P(后面不再对此加以说明)。

数据传送类指令用到的助记符有 MOV、MOVX、MOVC、XCH、XCHD、SWAP、PUSH、POP 共 8 种。源操作数可以采用寄存器寻址、直接寻址、寄存器间接寻址、立即寻址、变址寻址 5 种寻址方式；目的操作数可以采用寄存器寻址、直接寻址、寄存器间接寻址 3 种寻址方式。数据传送类指令共有 29 条，下面根据其特点分为以下 5 类分别进行介绍。

1. 内部 RAM 之间数据传送指令(16 条)

单片机内部 RAM 之间的数据传送指令最多，包括寄存器、累加器、RAM 单元及 SFR 寄存器之间数据的相互传送，下面分类介绍。

1) 以累加器 A 为目的操作数的指令

汇编指令格式及注释如下：

```
MOV A, Rn           ;(Rn)→A
MOV A, direct       ;(direct)→A
MOV A, @Ri          ;((Ri))→A
MOV A, #data        ;data→A
```

该组指令的功能是将源操作数所指定的内容送入累加器 A 中。源操作数有寄存器、直接、寄存器间接、立即 4 种寻址方式。

2) 以工作寄存器 Rn 为目的操作数的指令

汇编指令格式及注释如下：

```
MOV Rn, A           ;(A)→(A)Rn
MOV Rn, direct      ;(direct)→Rn
MOV Rn, #data       ;data→Rn
```

该组指令的功能是把源操作数所指定的内容送到工作寄存器组 R0～R7 中的某个寄存器中。源操作数有寄存器、直接、立即 3 种寻址方式。

应当注意的是，MCS-51 单片机中没有"MOV Rn, Rn"指令。

3) 以直接地址为目的操作数的指令

汇编指令格式及注释如下：

```
MOV direct, A           ;(A)→direct
MOV direct, Rn          ;(Rn)→direct
MOV direct, direct      ;(direct)→direct
MOV direct, @Ri         ;((Ri))→direct
MOV direct, #data       ;data→direct
```

该组指令的功能是把源操作数所指定的内容送入由直接地址 direct 所指出的片内存储单元中。源操作数有寄存器、直接、寄存器间接、立即 4 种寻址方式。

4) 以间接地址为目的操作数的指令

汇编指令格式及注释如下：

```
MOV @Ri, A          ;(A)→(Ri)
MOV @Ri, direct     ;(direct)→(Ri)
```

```
MOV @Ri,#data          ;data→(Ri)
```

该组指令的功能是把源操作数所指定的内容送入以 R0 或 R1 为地址指针的 RAM 存储单元中。源操作数有寄存器、直接、立即 3 种寻址方式。

5) 16 位数据传送指令

汇编指令格式及注释如下：

```
MOV DPTR,#data16    ;dataH→DPH,dataL→DPL
```

这是 MCS-51 系列单片机中唯一的 16 位数据传送指令，其功能是把 16 位常数送入 DPTR，实际是把 16 位数据的高 8 位数据送到 DPH 寄存器中，把 16 位数据的低 8 位数据送到 DPL 寄存器中。

2. 内外部 RAM 之间数据传送指令（4 条）

汇编指令格式及注释如下：

```
MOVX A,@Ri             ;((Ri))→A
MOVX @Ri,A             ;(A)→(Ri)
MOVX A,@DPTR           ;((DPTR))→A
MOVX @DPTR,A           ;(A)→(DPTR)
```

外部数据传送指令主要是实现累加器 A 与片外数据存储器之间的数据传送。对于 MCS-51 系列单片机，CPU 对片外 RAM 的访问只能采用寄存器间接寻址方式。

前两条指令是用 R0 或 R1 作为低 8 位地址指针，寻址范围是 256 字节，由 P0 口送出。此时，P2 口仍可用作通用 I/O 口。这两条指令完成以 R0 或 R1 为地址指针的片外数据存储器与累加器 A 之间的数据传送。后两条指令以 DPTR 为片外数据存储器 16 位地址指针，寻址范围达 64KB。其功能是在 DPTR 所指定的片外数据寄存器与累加器 A 之间传送数据。

需要说明的是，在 MCS-51 系列单片机中，没有专门对外部设备的输入/输出指令，而且片外扩展的 I/O 接口与片外 RAM 是统一编址的。因此，这 4 条指令可以作为输入/输出指令，而且 MCS-51 单片机只能用这种指令方式与外部设备打交道。

3. 查表指令（2 条）

汇编指令格式及注释如下：

```
MOVC A,@A+PC           ;((A)+(PC))→A
MOVC A,@A+DPTR         ;((A)+(DPTR))→A
```

这两条指令主要用于查表，其数据表格通常放在程序寄存器 ROM 中（用 DB、DW 伪指令填入）。这两条指令执行后，并不改变 PC 与 DPTR 寄存器的内容。

第一条指令为单字节指令，当 CPU 读取指令后，首先 PC 的内容自动加 1，然后将新的 PC 的内容与累加器 A 内的 8 位无符号数相加形成地址，取出该地址单元中的内容，再送至累加器 A 中。在寻址能力方面，第一条指令只能查找指令所在地址以后 256 字节范围内的代码或常数，因此累加器 A 中的最大值为 FFH。而第二条指令是以 DPTR（其值可以任意设定）为基址寄存器进行查表，其范围可达整个程序寄存器 64KB 空间。

例如，假设 (A)=30H,(DPTR)=2000H，则执行指令"MOVC A,@A+DPTR"后的

结果是将程序寄存器 ROM 中 2030H 单元的内容送入 A。

4. 堆栈操作指令(2 条)

汇编指令格式及注释如下:

```
PUSH direct        ;(SP)+1→SP,(direct)→(SP)
POP  direct        ;((SP))→direct,(SP)-1→SP
```

第一条指令称为入栈(或称压栈、进栈)指令,其功能是先将堆栈指针 SP 的内容加 1,然后将直接地址对应单元中的数传送(或称压入)到 SP 所指示的单元中。第二条指令称为出栈指令,其功能是先将堆栈指针 SP 所指示单元的内容送入直接地址单元中,然后将 SP 的内容减 1。

使用堆栈时,一般需要重新设定 SP 的初始值。由于存入堆栈的第一个数存放在 SP+1 存储单元中,故实际栈底是在 SP+1 所指示的单元中。另外,要注意留出足够的存储单元作为堆栈区,因为栈顶是随数据的弹入和弹出而变化的,如果栈区设置不当,则可能发生数据重叠,引起混乱。

当然,如果不重叠设定 SP 的初始值,由于单片机复位后(SP)=07H,则实际的堆栈区是从 08H 单元开始的,这也就是本书将 RAM 区的 08H~1FH 标志为默认堆栈区的原因。

例如,已知单片机复位后(SP)=07H,(30H)=23H,(31H)=45H,(32H)=67H,则指令的执行结果如下:

```
PUSH 30H      ;(SP)=(SP)+1=08H,(30H)→08H,(08H)=23H
PUSH 31H      ;(SP)=(SP)+1=09H,(31H)→09H,(09H)=45H
POP  40H      ;(09H)→40H,(40H)=45H,(SP)=(SP)-1=08H
PUSH 32H      ;(SP)=(SP)+1=09H,(32H)→09H,(09H)=67H
POP  41H      ;(09H)→41H,(41H)=67H,(SP)=(SP)-1=08H
POP  42H      ;(08H)→42H,(42H)=23H,(SP)=(SP)-1=07H
```

即执行上述指令后,(SP)=07H,(40H)=45H,(41H)=67H,(42H)=23H,(08H)=23H,(09H)=67H,而 30H、31H、32H 单元的内容不变。

5. 交换指令(5 条)

汇编指令格式及注释如下:

```
XCH  A,Rn        ;A←→Rn
XCH  A,direct    ;A←→direct
XCH  A,@Ri       ;A←→(Ri)
XCHD A,@Ri       ;A.3~0←→(Ri).3~0
SWAP A           ;A.3~0←→A.7~4
```

该组指令的前三条为字节交换指令,其功能是将累加器 A 与源操作数所指出的数据相互交换。后两条为半字节交换指令,其中"XCHD A,@Ri"是将累加器 A 中的低 4 位与 Ri 中内容所指示的片内 RAM 单元中的低 4 位数据相互交换,各自的高 4 位内容不变。

"SWAP A"指令是将累加器 A 的高低两个半字节交换。例如,原来累加器(A)=35H,执行该指令后(A)=53H。

从上述数据传送指令可以看出,累加器 A 是一个特别重要的寄存器,无论 A 作为目的寄存器还是作为源寄存器,对它都有专门的指令。因此,在编写程序时,要优先考虑使用累加器 A 进行数据的传送。

4.3.2 算术运算类指令

算术运算类指令主要是对 8 位无符号数据进行算术操作,其中包括加法、减法、加 1、减 1、乘法和除法运算指令。另外,借助溢出指令,可对有符号数进行补码运算;借助进位标志,可进行多字节加、减运算;借助于 DA 指令,也可对 BCD 码进行加法运算。算术运算指令都影响程序状态标志寄存器 PSW 的有关位,因此要特别注意正确判断结果对标志位的影响。

算术运算类指令共有 24 条,下面分类加以介绍。

1. 不带进位加法指令(4 条)

汇编指令格式及注释如下:

```
ADD A,Rn           ;(A)+(Rn)→A
ADD A,direct       ;(A)+(direct)→A
ADD A,@Ri          ;(A)+((Ri))→A
ADD A,#data        ;(A)+data→A
```

该组指令的功能是把源操作数所指出的内容加上累加器 A 的内容,结果仍存入 A 中。加法运算指令执行结果影响 PSW 的进位标志位 CY、溢出位 OV、半进位标志 AC 和奇偶校验位 P。在加法运算中,如果 D7 位(最高位)有进位,则进位标志 CY 置 1,否则清零;如果 D3 位有进位,则半进位标志 AC 置 1,否则清零;若看作两个带符号数相加,则还要判断溢出位 OV,若 OV 为 1,表示和数溢出。

例如,已知(A)=8CH,执行指令"ADD A,#85H",操作如下:

```
     10001100
 + ) 10000101
    100010001
```

结果:(A)=11H,(CY)=1,(OV)=1,(AC)=1,(P)=0。

此例中,若把 8CH、85H 看作无符号数,则结果为 111H。此时不必考虑 OV 位。若把上述两值看作有符号数,则有两个负数相加得到正数的错误结论。此时(OV)=1 表示有溢出,指出了这一错误。

2. 带进位加法指令(4 条)

汇编指令格式及注释如下:

```
ADDC A, Rn         ;(A)+(Rn)+(CY)→A
ADDC A,direct      ;(A)+(direct)+(CY)→A
ADDC A,@Ri         ;(A)+((Ri))+(CY)→A
ADDC A,#data       ;(A)+data+(CY)→A
```

该组指令的功能是把源操作数所指出的内容和累加器 A 中的内容及进位标志 CY 相加,结果存放在 A 中。运算结果对 PSW 各位的影响同上述不带进位加法指令。

带进位加法指令多用于多字节数的加法运算,在低位字节相加时要考虑低字节有可能向高字节进位。因此,在做多字节加法运算时,必须使用带进位的加法指令。

例如,两个双字节无符号数相加,被加数放在内部 RAM 中的 20H、21H 单元(低位在前),加数放在内部 RAM 中的 2AH、2BH 单元(低位在前),要求将两数的和存入 20H 开始的单元。可编写如下程序:

```
CLR C           ;清 CY
MOV A,20H       ;被加数送 A
ADD A,2AH       ;与加数相加
MOV 20H, A      ;存和
MOV A, 21H      ;取第二个被加数送 A
ADDC A,2BH      ;与第二个加数相加
MOV 21H,A       ;存和
MOV A,#00H
ADDC A,#00H     ;处理进位
MOV 22H, A      ;保存进位到 22H 单元
```

3. 带借位减法指令(4 条)

汇编指令格式及注释如下:

```
SUBB A,Rn       ;(A)-(Rn)-(CY)→A
SUBB A,direct   ;(A)-(direct)-(CY)→A
SUBB A,@Ri      ;(A)-((Ri))-(CY)→A
SUBB A,#data    ;(A)-data-(CY)→A
```

该组指令的功能是将累加器 A 中的数减去源操作数所指出的数以及进位标志 CY,其差值存放在累加器 A 中。需要注意的是,MCS-51 单片机中没有不带借位的减法指令。减法运算指令执行结果影响 PSW 的进位标志 CY(借位位)、溢出位 OV、半进位标志 AC 和奇偶校验位 P。

例如,(A)=0C9H,(R0)=54H,(CY)=1,则执行"SUBB A,R0"指令的操作如下:

```
  11001001
  01010100
-        1
  _____
  01110100
```

运算结果为(A)=74H,(CY)=0,(OV)=1。若 C9H 和 54H 是两个无符号数,则结果 74H 是正确的;反之,若为两个带符号数,则由于有溢出而表明结果是错误的,因为负数减正数的差不可能是正数。

在多字节减法运算中,被减数的低字节有时会向高字节借位(PSW 中 CY 位置 1),所以在多字节运算中必须用带借位减法指令。在运行单字节减法运算或多字节的低 8 位字节减法运算时,应将程序状态标志寄存器 PSW 的进位标志 CY 清零。

4. 乘法指令(1 条)

汇编指令格式及注释如下:

```
MUL AB          ;(A)×(B)→BA
```

该条指令的功能是把累加器 A 和寄存器 B 中两个无符号 8 位数相乘,所得 16 位积的低 8 位存放在 A 中,高 8 位存放在 B 中。若乘积大于 FFH,则 OV 置 1,否则清零;CY 总是为 0;另外,A 的内容也影响奇偶标志位 P。

例如,(A)＝50H,(B)＝0A0H,则执行指令"MUL AB"后,(B)＝32H,(A)＝00H,(CY)＝0,(OV)＝1。

5. 除法指令(1 条)

汇编指令格式及注释如下:

```
DIV AB              ;A÷B 的商→A,A÷B 的余数→B
```

该条指令的功能是进行 A 除以 B 的运算,A 和 B 的内容均为 8 位无符号整数,指令执行后,整数商存于 A 中,余数存于 B 中。本指令执行结果影响 PSW 的溢出位 OV 和奇偶校验位 P。指令执行后,标志位 CY 和 OV 均清零;当除数为 0 时,A 和 B 中的内容为不确定值,此时 OV 标志位置 1,说明除法溢出;另外,A 中的内容影响奇偶校验位 P。

例如,(A)＝0FBH,(B)＝12H,则执行指令"DIV AB"后,(A)＝0DH,(B)＝11H,(CY)＝0,(OV)＝0。

6. 加 1 指令(5 条)

汇编指令格式及注释如下:

```
INC A               ;(A)+1→A
INC Rn              ;(Rn)→Rn
INC direct          ;(direct)+1→direct
INC @Ri             ;((Ri))+1→(Ri)
INC DPTR            ;(DPTR)+1→DPTR
```

该组指令的功能是将操作数所指定单元的内容加 1。仅当操作数为累加器 A 时,才对 PSW 的奇偶校验位 P 有影响,其余指令操作均不影响 PSW。

"INC direct"指令中的直接地址如果是 I/O 端口,则自动执行"读—改—写"操作,其功能是修改输出口的内容。指令执行时,首先读入端口的内容,然后进行加 1 操作,再输出到端口。应注意,读入内容来自端口锁存器而不是端口引脚。

"INC DPTR"指令是唯一的一条 16 位加 1 指令,在加 1 过程中,若低 8 位有进位,则系统自动向高 8 位进位。

例如,(A)＝0FFH,(7EH)＝0F0H,(35H)＝00H,执行如下指令:

```
INC A
INC R0
INC 7EH
INC @R0
```

结果:(A)＝00H,(7EH)＝0F1H,(35H)＝01H,PSW 标志位状态不变(奇偶校验位 P 除外)。

7. 减 1 指令(4 条)

汇编指令格式及注释如下:

```
DEC A               ;(A)-1→A
```

```
DEC Rn              ;(Rn) - 1→Rn
DEC direct          ;(direct) - 1→direct
DEC @Ri             ;((Ri)) - 1→(Ri)
```

该组指令的功能是将操作数所指定的单元的内容减1。同样仅当操作数为累加器A时，才对PSW的奇偶校验位P有影响，其余指令操作均不影响PSW。

"DEC direct"指令中的直接地址如果是I/O端口，则自动执行"读—改—写"操作，首先读入端口的内容，然后进行减1操作，再输出到端口。

例如，(A)＝00H，(R3)＝20H，(50H)＝0FFH，(R0)＝25H，(25H)＝12H，执行指令：

```
DEC A
DEC R3
DEC 50H
DEC @R0
```

结果：(A)＝0FFH，(R3)＝1FH，(50H)＝0FEH，(25H)＝11H。

8. 十进制调整指令(1条)

汇编指令格式及注释如下：

```
DA A                ;对累加器A中的内容进行十进制调整
```

该条指令是在进行BCD码加法运算时，在ADD、ADDC指令之后（只能在两条加法指令后面），用来对压缩BCD码（在一个字节中存放两位BCD码）的加法运算结果自动进行修正，使其仍为BCD码的表现形式。

该指令的具体实现方法如下。

(1) 当结果的低4位 $A.3 \sim A.0 > 9$ 或半进位标志 $AC=1$ 时，自动执行低半字节加6；否则不加。

(2) 当结果的高4位 $A.7 \sim A.4 > 9$ 或半进位标志 $CY=1$ 时，自动执行高半字节加6；否则不加。

进行十进制调整的原因如下：在单片机中，十进制0～9的数字可以用BCD码(4位二进制)来表示，然后单片机在进行运算时是按照二进制规则进行的，即对于4位二进制数是按逢16进1，不符合十进制的要求，因此可能导致错误的结果。例如，执行加法指令"ADD A,♯84H"，已知累加器A中BCD数是99，则上述指令在正常情况下的结果如下：

```
  10000100(84 的 BCD 码)
+ 10011001(99 的 BCD 码)
  100011101(结果为 1DH,有进位)
```

显然，所得值为非法BCD码。但是，如果上述加法指令后接着运行一条"DA A"指令，根据上面提到的规则，则CPU将自动把结果的高、低4位分别加6进行调整。即"DA A"指令将自动进行如下操作。

```
  00011101
+ 01100110
  10000011(结果为 83)
```

进行转换后,所得结果为 83,加上原来已有进位标志 1,即最终结果为 183,符合十进制的运算规则,结果正确。

4.3.3 逻辑运算类指令

逻辑运算类指令主要用于对两个操作数按位进行与、或、异或等逻辑操作,移位、取反、清零等操作也包括在这一类指令中。这些指令执行时一般不影响程序状态字寄存器 PSW,仅当目的操作数为累加器 A 时对奇偶标志位 P 有影响。逻辑运算类指令共 24 条,下面分别加以介绍。

1. 逻辑与指令(6 条)

汇编指令格式及注释如下:

```
ANL A,Rn              ;(A)∧(Rn)→A
ANL A,direct          ;(A)∧(direct)→A
ANL A,@Ri             ;(A)∧((Ri))→A
ANL A,#data           ;(A)∧data→A
ANL direct,A          ;(direct)∧(A)→direct
ANL direct,#data      ;(direct)∧data→direct
```

该组指令的功能是将两个指定的操作数按位进行逻辑与运算,结果存到目的操作数中。前 4 条指令是将累加器 A 的内容和操作数的内容按位逻辑与,结果存放在 A 中,指令执行结果影响奇偶标志位 P。后两条指令是将直接地址单元中的内容和操作数所指出的内容按位逻辑与,结果存入直接地址单元中,指令执行结果不影响奇偶标志位。若直接地址为 I/O 端口,同样为"读—改—写"操作。

例如,(A)=0C3H,(20H)=0AAH,则执行指令"ANL A 20H"。

```
    11000011
∧   10101010
    10000010
```

其结果为(A)=82H。

2. 逻辑或指令(6 条)

汇编指令格式及注释如下:

```
ORL A,Rn              ;(A)∨(Rn)→A
ORL A,direct          ;(A)∨(direct)→A
ORL A,@Ri             ;(A)∨((Ri))→A
ORL A,#data           ;(A)∨data→A
ORL direct,A          ;(direct)∨(A)→direct
ORL direct,#data      ;(direct)∨data→direct
```

该组指令的功能是将两个指定的操作数按位进行逻辑或运算,结果存到目的操作数中。执行后对奇偶标志位 P 及 I/O 端口的影响和上述逻辑与指令相同。

例如,要求将累加器 A 中低 4 位的状态通过 P1 口的高 4 位输出。根据题意可编程如下:

```
ANL A,#0FH            ;屏蔽(清零)累加器 A 是高 4 位 A.7~A.4
```

```
SWAP A              ;累加器 A 的高、低半字节变换
ANL P1,#0FH         ;P1 口高 4 位清零
ORL P1,A            ;使 P1.7~P1.4 按 A 中的初始值的 A.3~A.4 值置位
```

3. 逻辑异或指令（6 条）

汇编指令格式及注释如下：

```
XRL A,Rn            ;(A)⊙(Rn)→A
XRL A,direct        ;(A)⊙(direct)→A
XRL A,@Ri           ;(A)⊙((Ri))→A
XRL A,#data         ;(A)⊙data→A
XRL direct,A        ;(direct)⊙(A)→direct
XRL direct,#data    ;(direct)⊙data→direct
```

该组指令的功能是将两个指定的操作数按位进行逻辑异或运算，结果存到目的操作数中。执行后对奇偶标志位 P 及 I/O 端口的影响和逻辑与、或指令相同。

4. 清零与取反指令（2 条）

汇编指令格式及注释如下：

```
CLR A               ;(A) = 00H
CPL A               ;(A)→A
```

"CLR A"指令的功能是将累加器 A 的内容清零。

"CPL A"指令的功能是将累加器 A 的内容按位取反，即作逻辑非运算。

例如，(A)=23H=00100011B，执行"CPL A"指令后，(A)=11011100B=0DCH。

5. 循环移位指令（4 条）

汇编指令格式及注释如下：

```
RL A                ;对 A 中内容进行左循环移位
RR A                ;对 A 中内容进行右循环移位
RLC A               ;对进行标志 CY 和累加器 A 进行左循环移位
RRC A               ;对进行标志 CY 和累加器 A 进行右循环移位
```

前两条指令的功能分别是将累加器 A 的内容循环左移或右移一位，执行后不影响程序这条字 PSW 中各位。

例如，假设(A)=36H=00110110B，则执行"RL A"指令后，(A)=01101100B=6CH；而若执行"RR A"，其内容为(A)=00011011B=1BH。

"RLC A"和"RRC A"指令的功能分别是将进位标志 CY 与累加器 A 的内容（共计 9 位二进制）一起循环左移或右移一位，指令执行中要改变程序状态字 PSW 的进位标志 CY 和奇偶标志位 P。

例如，(CY)=1，(A)=96H，两者连接一起的 9 位二进制数为 110010110，若执行"RRC A"指令，则右循环移位后的 9 位二进制数为 011001011，即结果为(CY)=0，(A)=11001011B=0CBH。

4.3.4 控制转移类指令

控制转移类指令的功能主要是控制程序从原来的顺序执行地址转移到其他指令地址

上。单片机在运行过程中,有时因为任务要求,需要改变程序的运行方向,或者需要调用某个子程序,或者需要从子程序中返回,此时都需要改变程序计数器 PC 的内容。

控制转移类指令包括无条件转移和有条件转移两大类,共有 17 条指令。这类指令多数不影响程序状态字 PSW 寄存器。下面分别加以介绍。

1. 无条件转移指令(4 条)

汇编指令格式及注释如下:

```
LJMP addr16              ;addr16→PC
AJMP addr11              ;(PC) + 2→PC,addr11→PC.10～P.0
SJMP rel                 ;(PC) + 2 + rel→PC
JMP @A + DPTR            ;(A) + (DPTR)→ PC
```

该类指令是指当程序执行完该指令时,就无条件地转移到指令所提供的地址继续执行。下面分别加以说明。

"LJMP addr16"指令称为长转移指令,指令中包含 16 位地址,其转移的目标地址范围是程序存储器的 0000H～FFFFH。执行结果是将 16 位 ROM 地址(addr16)送给程序计数器 PC,接着从新的程序地址开始执行。

"AJMP addr11"指令称为短转移指令,指令中包含要改变的低 11 位地址,其转移指令的目标地址是在下一条指令地址开始的 2KB 范围内。由于 AJMP 指令为双字节,该指令执行后先是程序计数器 PC 自动加 2,然后将指令中包含的 11 位地址送到 PC 的低 11 位,构成新的地址,接着从新的程序地址开始执行。

"SJMP rel"指令称为相对转移指令,指令的操作数是相对地址。rel 是一个带符号的相对偏移字节数的补码,其范围为 -128～$+127$,负数表示向后转移,正数表示向前转移。SJMP 指令也为双字节,执行该指令后,先是 PC 值自动加 2,然后再将指令中给出的相对偏移量 rel 同当前 PC 值相加,构成新的地址,接着从新的程序地址开始执行,即目的地址值＝本地址值＋2＋rel。

"JMP ＠A＋DPTR"指令称为间接转移指令(或称散转移指令),该指令转移地址由数据指针 DPTR 中的 16 位数和累加器 A 中的 8 位无符号数相加形成,并直接送入 PC。指令执行过程对 DPTR、A 和 PSW 标志位均无影响。这条指令可代替众多的判断跳转指令,具有散转功能,具体可参考 4.5 节的例子。

需要说明的是,在用汇编语言编写程序时,可以用一个标号表示转移目标地址。特别是使用相对转移指令时,通常只需要给出地址标号,汇编程序会自动计算出相对偏移量,避免了人工计算的麻烦,而且不容易出错。

2. 条件转移指令(8 条)

汇编指令格式及注释如下:

```
JZ rel                   ;若(A) = 0,(PC) + 2 + rel→PC(跳转到相应位置)
                         ;若(A)≠0,(PC) + 2→PC(程序顺序向下执行)
JNZ rel                  ;若(A)≠0,(PC) + 2 + rel→PC
                         ;若(A) = 0,(PC) + 2→PC
CJNE A,direct,rel        ;若(A) = (direct),则(CY) = 0,(PC) + 3→PC
                         ;若(A)>(direct),则(CY) = 0,(PC) + 3 + rel→PC
```

	;若(A)<(direct),则(CY) = 1,(PC) + 3 + rel→PC
CJNE A,#data,rel	;若(A) = data,则(CY) = 0,(PC) + 3→PC
	;若(A)> data,则(CY) = 0,(PC) + 3 + rel→PC
	;若(A)< data,则(CY) = 1,(PC) + 3 + rel→PC
CJNE Rn,#data,rel	;若(Rn) = data,则(CY) = 0,(PC) + 3→PC
	;若(Rn) > data,则(CY) = 0,(PC) + 3 + rel→PC
	;若(Rn)< data,则(CY) = 1,(PC) + 3 + rel→PC
CJNE @Ri,#data,rel	;若((Ri)) = data,则(CY) = 0,(PC) + 3→PC
	;若((Ri))> data,则(CY) = 0,(PC) + 3 + rel→PC
	;若((Ri))< data,则(CY) = 1,(PC) + 3 + rel→PC
DJNZ Rn,rel	;(Rn) - 1→ Rn
	;若(Rn)≠0,(PC) + 2 + rel→PC(跳转到相应位置)
	;若(Rn) = 0,(PC) + 2→PC(程序顺序向下执行)
DJNZ direct,rel	;(direct) - 1→direct
	;若(direct)≠0,(PC) + 3 + rel→PC
	;若(direct) = 0,(PC) + 3→PC

该类指令都是以相对转移的方式转向目标地址的,它们的共同特点是转移前要先判断某一条件是否满足。若满足某一规定条件,程序转到指定转移地址;否则程序将顺序执行下一条指令。

前两条是累加器判别转移指令,通过判别累加器 A 中内容是否为 0,决定是转移还是顺序执行。

接下来的 4 条指令为比较转移指令,是 MCS-51 指令系统中仅有的具有 3 个操作数的指令组。其功能是比较前两个无符号操作数的大小,若不相等,则转移;否则顺序执行。这 4 条指令只影响 PSW 寄存器的 CY 位,不影响任何操作数。

最后两条指令是减 1 非零转移指令,使用前要将初始值预置在 Rn 或 direct 地址中,然后执行某段程序和减 1 非零转移指令。这两条指令通常用于循环程序的编写。

例如,要将单片机内部 RAM 的以 40H 为首地址的单元内容传送到内部 RAM 的以 50H 为首地址的单元中,数据块长度为 10H,则可编写程序段如下:

```
        MOV R0,#40H      ;数据区起始地址(源地址)
        MOV R1,#50H      ;数据区起始地址(目的地址)
        MOV R2,#10H      ;数据块长度
LOOP:   MOV A,@R0        ;取数据
        MOV @R1,A        ;数据传送
        INC R0           ;修改地址指针
        INC R1
        DJNZ R2,LOOP     ;未传送完,继续传送
        ...              ;传送结束,执行其他指令
```

3. 子程序调用及返回指令(4 条)

汇编指令格式及注释如下:

```
LCALL addr16    ;(PC) + 3→PC,(SP) + 1→SP, (PCL)→(SP)
                ;(SP) + 1→SP,(PCH)→(SP),addr16 →PC
ACALL addr11    ;(PC) + 2 →PC,(SP) + 1→SP,(PCL) → (SP)
                ;(SP) + 1→SP,(PCH)→(SP),addr11→PC.10~PC.0
RET             ;((SP))→ PCH,(SP) - 1→SP
```

```
                    ;((SP))→ PCL,(SP) - 1→SP
RETI                ;((SP))→ PCH,(SP) - 1→SP
                    ;((SP))→ PCL,(SP) - 1→SP
                    ;除 RET 功能外,还将清除相应的中断状态触发器
```

该类指令用于从主程序中调用子程序和从子程序中返回到主程序,此类指令不影响标志位。

LCALL 指令称为长调用指令,为三字节指令,子程序入口地址可以设为 64KB 的空间。执行时,程序计数器 PC 自动加 3,指向下条指令地址(即断点地址),然后将断点地址压入堆栈(以备将来返回)。执行中先把 PC 的低 8 位 PCL 压入堆栈,再压入 PC 的高 8 位 PCH,接着把指令中的 16 位子程序入口地址(addr16)装入 PC,程序转到子程序。

ACALL 指令称为短调用指令,为双字节指令,被调用的子程序入口地址必须与调用指令 ACALL 的下一条指令在相同的 2KB 存储区之内。其保护断点地址过程同上,不过 PC 只需要加 2。其转入子程序入口的过程同 LCALL 指令。

RET 指令是子程序返回指令,执行时将堆栈区内的断点地址(调用时压入的 PCH 和 PCL)弹出,送入 PC,从而使程序返回到原断点地址。

RETI 指令是实现从中断子程序返回的指令,它只能用作中断服务子程序的结束指令。RET 指令与 RETI 指令绝不能互换使用。

4. 空操作指令(1 条)

汇编指令格式及注释如下:

```
NOP                         ;空操作
```

该条指令是单字节指令,它控制 CPU 不进行任何操作(即空操作)而转到下一条指令。该条指令常用于产生一条机器周期的延迟。如果反复执行该条指令,则机器处于踏步等待状态。

4.3.5 位操作类指令

在 MCS-51 单片机中,有专门的位处理机(布尔处理机),它具有丰富的位处理功能。处理位变量的指令包括位数据传送、位修证、位逻辑运算、位条件转移等指令,共计 17 条。在进行位操作时,进位标志 CY 作为位累加器 C,其功能类似于累加器 A。

在 MCS-51 汇编语言中,位地址的表达方式有以下四种。

(1) 直接(位)地址方式:如 23H、68H、D7H 等。

(2) 点操作符方式:如 PSW.3、P1.2、(B8H)4 等。

(3) 位名称方式:如 RS0、P、OV 等。

(4) 用户定义名称方式:伪指令 bit 定义的任意位,具体方法参见下节内容。

1. 位数据传送指令(2 条)

汇编指令格式及注释如下:

```
MOV C,bit                   ;(bit)→C
MOV bit,C                   ;(C)→bit
```

这两条指令主要是利用位操作累加器 C 进行数据传送。前一条指令的功能是将某指定位的内容送入位累加器 C 中，不影响其他标志。后一条指令是将 C 的内容传送到指定位，在对端口进行操作时，先读入端口 8 位的全部内容，然后把 C 的内容传送到指定位，再把 8 位内容送到相应端口的锁存器，所以也是"读—改—写"指令。

例如，要将地址 40H 单元的内容传送至位地址 35H 单元，应执行以下两条指令。

```
MOV C,40H            ;40H 位送 CY
MOV 35H,C            ;CY 送 35H 位
```

2. 位修正指令（6 条）

汇编指令格式及注释如下：

```
CLR C                ;0 → C
CLR bit              ;0 → bit
CPL C                ;(C) → C
CPL bit              ;(bit) → bit
SETB C               ;1 → C
SETB bit             ;1 → bit
```

该类指令的功能是分别将累加器 C 或直接寻址位进行清零、取反、置位操作，执行结果不影响其他标志。当直接位地址为端口中某一位时，具有"读—改—写"功能。

3. 位逻辑运算指令（4 条）

汇编指令格式及注释如下：

```
ANL C,bit            ;(C) ∧ (bit) → C
ANL C,/bit           ;(C) ∧ (bit) → C
ORL C,bit            ;(C) ∨ (bit) → C
ORL C,/bit           ;(C) ∨ (bit) → C
```

该类指令的功能是把进位标志 C 的内容和直接位地址的内容逻辑与、或运算后的操作结果送回到 C 中。斜杠"/"表示对该位取反后再参与运算，但不改变原来的数值。

例如，假设 M、N、L 都代表位地址，编程进行 M、N 内容的异或操作，结果存入 L。即按 $L = M \odot N = \overline{M}N + M\overline{N}$ 公式进行异或运算。实现该功能的程序如下：

```
MOV C,N
ANL C,M              ;CY←NM
MOV L,C
MOV C,M
ANL C,N              ;CY←MN
ORL C,L              ;CY←MN + MN
MOV L,C              ;异或结果送 L 位
```

4. 位条件转移指令（5 条）

汇编指令格式及注释如下：

```
JC rel               ;若(C) = 1,(PC) + 2 + rel → CP
                     ;若(C) = 0,(PC) + 2 → PC
JNC rel              ;若(C) = 0,(PC) + 2 + rel → PC
                     ;若(C) = 1,(PC) + 2 → PC
```

JB bit,rel	;若(bit) = 1,(PC) + 3 + rel →PC
	;若(bit) = 0,(PC) + 3→ PC
JNB bit,rel	;若(bit) = 0,(PC) + 3 + rel →PC
	;若(bit) = 1,(PC) + 3 →PC
JBC bit,rel	;若(bit) = 1,(PC) + 3 + rel →PC,0 →bit
	;若(bit) = 0,(PC) + 3→PC

该类指令的功能是分别判断进位标志 C 或直接寻址位是 1 还是 0,若条件符合则转移,否则顺序执行程序。

前两条指令是双字节,所以 PC 要加 2;后三条指令是 3 字节,所以 PC 要加 3。另外,最后一条指令的功能是当直接寻址位为 1 时转移,并同时将该位清零,否则顺序执行。该指令也具有"读—改—写"功能。

4.4 汇编系统

4.4.1 源程序的编辑

单片机的程序编辑通常都是借助微机实现的,即在微型计算机上使用编辑软件编写源程序,然后使用汇编程序对源程序进行汇编,最后采用串行通信的方式,将汇编得到的目标代码通过编程设备传送到单片机内,进行程序的调试和运行。

现在使用的源程序编辑软件很多,其使用方法同一般的文字处理类似。先是新建一个文件,接着逐行输入源程序,编辑结束后存盘退出即可。

4.4.2 源程序的汇编

源程序的汇编有手工汇编和机器汇编两种方式,不过随着微型计算机的普及,已经很少使用手工汇编了。

所谓的手工汇编,是指把源程序用助记符写出来后,再通过手工方式查指令编码表(见附录 A),逐个把助记符指令翻译成机器码,然后把得到的机器码再输入单片机,进行调试和运行。

机器汇编是在微型计算机上使用汇编程序进行源程序的汇编,汇编工作由计算机来完成,最后得到以机器码位表示的目标代码。

需要说明的是,随着单片机的应用越来越广泛,各种单片机开发工具越来越多。现在有许多开发工具将汇编源程序的编辑、汇编、装载等程序集成于一个软件之中,有的软件甚至带有单片机仿真功能,使用非常方便。这一类的软件最常用的是 Keil C51,本书附录 C 给出了 Keil 软件的使用介绍。

4.4.3 伪指令

我们知道,单片机只能识别机器语言指令,因此在应用系统中必须把汇编语言源程序通过专门的汇编程序编译成机器语言程序,这个编译过程称为汇编。汇编程序在汇编过程中必须要提供一些专门的指令,如标志汇编源程序的起始及结束等的指令。这些指令在汇编时并不产生目标代码,当然也就不会影响程序的执行,只是在汇编过程中起作用,我们将其称为伪指令。

1. 汇编起始指令 ORG

该指令的功能是对汇编源程序段的起始地址进行定位,即用来规定汇编程序时,目标程序在程序存储器 ROM 中存放的起始地址。指令格式如下:

```
ORG addr16
```

其中,addr16 表示 16 位地址。例如,某程序段的开头为"ORG 0060H",则该程序段经过汇编程序汇编后,将被存储到 ROM 中以 0060H 单元开始的空间内。

在一个汇编源程序内,可以多次使用 ORG 命令,以规定不同程序段的起始位置,地址应依从小到大顺序排列,不能重叠。

2. 汇编结束指令 END

该指令的功能是提供汇编结束标志,对 END 指令之后的程序段不再处理,因此该指令应置于汇编源程序的结尾。指令格式如下:

```
END
```

3. 定义直接指令 DB

该指令的功能是从指定单元开始定义若干字节的数据常数表,常用于查表程序。指令格式如下:

```
[标号:]DB 8 位二进制常数表
```

常数表中每个数或 ASCII 字符之间要用","分开,表示 ASCII 字符时要用单引号引起来。例如,某程序中有如下程序段。

```
        ORG 1200H
AA:     DB 23H,56H,89H
        DB 'A','B','C'
```

则经过汇编后,标号 AA=1200H,其后面 ROM 单元的内容分别为:(1200H)=23H、(1201H)=56H、(1201H)=89H、(1203H)=41H、(1204)=42H、(1205H)=43H。

4. 定义字指令 DW

该指令的功能是从指定单元开始定义若干字的数据常数表。指令格式如下:

```
[标号:] DW 16 位二进制常数表
```

例如,某程序中有如下程序段:

```
        ORG 2400H
AA:     DW 12434H,ABCD,15
```

则经过汇编后,标号 AA=2400H,(2400H)=12H,(2401H)=34H,(2402H)=0AH(2403H)=BCH,(2404H)=00H,(2405H)=0FH。

5. 赋值指令 EQU

该指令的功能是将数字或汇编符号赋值给某个字符名称。指令格式如下:

```
字符名称 EQU 数字或汇编符号
```

使用赋值指令可为程序的编制、调试和阅读带来方便。如果在某程序中要多次用到某一地址,使用 EQU 将其赋值给一个字符名称,则一旦需要对该地址进行变动,只要改变 EQU 命令后面的数字即可,而不必对涉及该地址的所有指令逐条修改。

例如,某程序中包括如下两行。

XYZ EQU 30H
ABC A,XYZ

则指令执行后,实际是将 30H 单元的内容传送到累加器 A 中。

6. 位地址符号定义指令 BIT

该指令的功能是将位地址赋值给某个字符名称。指令格式如下:

字符名称 BIT 位地址

例如,某程序中包括如下两行:

XYZ BIT 30H
ABC BIT P1.2

则在汇编过程中,符号 XYZ 等价于位地址 30H,符号 ABC 等价于位地址 P1.2。

本 章 小 结

本章主要介绍单片机的指令系统和汇编语言,本部分内容较为枯燥,理解也比较困难。目前,单片机开发中以 C 语言开发居多,因此本章内容可以根据实际情况进行选学。如果想深入掌握单片机结构和工作原理,理解单片机指令还是非常有必要的。

习 题

1. 在 MCS-51 的指令系统中,地址分为直接地址和_____。
2. 使用单片机开发系统调试汇编语言程序时,首先应新建文件,该文件的扩展名是_____。
3. CPU 能够直接识别并执行的指令代码规则称为_____。
4. 汇编语言的助记符指令通常包括_____和_____两部分。
5. 列举汇编语言的 7 种寻址方式,并解释其含义。

实践作业 4

班级		学号		姓名	
任务要求	下载 Keil 软件,并用 Keil 软件编译一个汇编程序(参考附录 C)。					
实施过程						

第 5 章　单片机 C 语言基础

> **学习目标**
> （1）掌握 C 语言关键字、运算符、控制结构等基本知识。
> （2）掌握数组、函数等 C 语言概念。
> （3）掌握 C51 中断函数的写法。
> （4）掌握用 Keil 软件编写单片机 C 语言程序的方法。

C 语言是一门面向过程的、抽象化的通用程序设计语言，广泛应用于操作系统、单片机、嵌入式等底层开发。C 语言具有以下特点。

（1）语言简洁、紧凑，使用方便、灵活。
（2）运算符丰富。
（3）数据结构丰富，具有现代化语言的各种数据结构。
（4）可进行结构化程序设计。
（5）可以直接对计算机硬件进行操作。
（6）生成的目标代码质量高，程序执行效率高。
（7）可移植性好。

在单片机开发中，通常用汇编语言或者 C 语言开发。用汇编语言编写 MCS-51 单片机程序必须要考虑其存储器结构，尤其必须考虑其片内数据存储器与特殊功能寄存器的使用以及按实际地址处理端口数据。用 C 语言编写的 MCS-51 单片机应用程序，则不用像汇编语言那样具体组织、分配存储器资源和处理端口数据，但在 C 语言编程中，对数据类型与变量的定义，必须要与单片机的存储结构相关联；否则编译器不能正确地映射定位。

用 C 语言编写单片机应用程序与标准的 C 语言程序也有相应的区别。C 语言编写单片机应用程序时，需根据单片机存储结构及内部资源定义相应的数据类型和变量，而标准的 C 语言程序不需要考虑这些问题。C51 包含的数据类型、变量存储模式、输入/输出处理、函数等方面与标准的 C 语言有一定的区别。其他的语法规则、程序结构及程序设计方法等与标准的 C 语言程序设计相同。

我们将在本章回顾标准 C 语言的基础知识，也提出 C51 存在的不同之处。

5.1 单片机C语言基础知识

5.1.1 标识符和关键字

1. 标识符

标识符是用来表示源程序中自定义对象名称的符号。其中的自定义对象可以是常量、变量、数组、结构、语句标号以及函数等。

在C51语言中,标识符可以由字母(a~z、A~Z)、数字(0~9)和下画线(_)组成,最多可支持32个字符。

C51标识符的定义不是随意的,应遵循简洁和见名知意的原则,并需要符合一定的规则。

(1)标识符的第一个字符必须是字母或者下画线,不能为数字。由于有些编译系统专用的标识符以下画线开头,所以用户在定义标识符时一般不要以下画线开头。

(2)C51的标识符区分大小写,如ch1和Ch1表示两个不同的标识符。

(3)用户自定义的标识符不能与系统保留的关键字重复。

2. 关键字

关键字是C51编译器保留的一些特殊标识符,具有特定的含义和用法。

单片机C51程序语言继承了ANSI C标准定义的32个关键字,见表5-1。

表5-1 ANSI C 关键字

auto	break	case	char	const	continue
default	do	double	else	enum	extern
float	for	goto	if	int	long
register	return	short	signed	sizeof	static
struct	switch	typedef	union	unsigned	void
volatile	while				

C51在此基础上又扩展了19个关键字,见表5-2。

表5-2 C51 扩展关键字

_at_	idata	sfr16	alien	interrupt	small
bdata	large	_task_	code	bit	pdata
using	reentrant	xdata	compact	sbit	data
sfr					

5.1.2 C51数据类型

表5-3列出了Keil μVision2 C51编译器所支持的数据类型。

表 5-3　Keil μVision2 C51 编译器所支持的数据类型

数 据 类 型	长　　度	值　　域
unsigned char	单字节	0～255
signed char	单字节	－128～＋127
unsigned int	双字节	0～65535
signed int	双字节	－32768～＋32767
unsigned long	4 字节	0～4294967295
signed long	4 字节	－2147483648～＋2147483647
float	4 字节	±1.175494E－38～±3.402823E＋38
*	1～3 字节	对象的地址
bit	位	0 或 1
sfr	单字节	0～255
sfr16	双字节	0～65535
sbit	位	0 或 1

1. char 字符类型

char 类型的长度是 1 字节,通常用于定义处理字符数据的变量或常量。char 字符类型分为无符号字符类型(unsigned char)和有符号字符类型(signed char),默认值为 signed char 类型。

unsigned char 类型用字节中所有的位来表示数值,可以表达的数值范围是 0～255；signed char 类型中字节最高位表示数据的符号,0 表示正数,1 表示负数(负数用补码表示),所能表示的数值范围是－128～＋127。

2. int 整型

int 整型的长度为 2 字节,用于存放一个双字节数据。分为有符号整型数 signed int 和无符号整型数 unsigned int,默认值为 signed int 类型。

signed int 表示的数值范围是－32768～＋32767,字节中最高位表示数据的符号,0 表示正数,1 表示负数；unsigned int 表示的数值范围是 0～65535。

3. long 长整型

long 长整型的长度为 4 字节,用于存放一个 4 字节数据。分有符号长整型 signed long 和无符号长整型 unsigned long,默认值为 signed long 类型。

signed long 表示的数值范围是－2147483648～＋2147483647,字节中最高位表示数据的符号,0 表示正数,1 表示负数；unsigned long 表示的数值范围是 0～4294967295。

4. float 浮点型

float 浮点型在十进制中具有 7 位有效数字,是符合 IEEE 754 标准的单精度浮点型数据,占用 4 字节。浮点数的结构较复杂,单片机使用较少。

5. * 指针型

指针型数据本身是一个变量,在这个变量中存放着指向另一个数据的地址。根据处理器的不同,指针型数据所占的内存单元也不尽相同,在 C51 中它的长度一般为 1～3 字节。

6. bit 位标量

bit 位标量是 C51 编译器的一种扩充数据类型,利用它可定义一个位标量,但不能定义位指针,也不能定义位数组。它的值是一个二进制位,非 0 即 1。

定义格式:

bit 变量名 = 变量值

7. sfr 特殊功能寄存器

sfr 是一种扩充数据类型,占用一个内存单元,地址范围为 0x80～0xFF。

定义格式:

sfr 变量名 = 变量地址

利用它可以访问 51 单片机内部的所有特殊功能寄存器。例如,用"sfr P1＝0x90"这一句确定 P1 为 P1 端口在片内的寄存器。

8. sfr16 16 位特殊功能寄存器

sfr16 是一种扩充数据类型,占用两个内存单元,sfr16 和 sfr 一样用于操作特殊功能寄存器。所不同的是,此类型的变量可访问 16 位特殊功能寄存器。

定义格式:

sfr16 变量名 = 变量地址

此处的变量地址为 16 位中的低 8 位地址,其地址范围为 0x80～0xFF。通过 sfr16 变量读 16 位特殊功能寄存器时,先读低字节,后读高字节;写特殊功能寄存器时先写高字节,后写低字节。

9. sbit 可位寻址位

sbit 是 C51 中的一种扩充数据类型,利用它可以访问芯片内部的 RAM 中的可寻址位或特殊功能寄存器中的可寻址位。

定义格式:

sbit 变量名 = 位地址
sbit 变量名 = SFR 地址^位序号
sbit 变量名 = sfr16 变量^位序号

因 P1 端口的寄存器是可位寻址的,所以我们可以定义 P1_1 为 P1 中的 P1.1 引脚,同样我们可以用 P1.1 的地址去写,这样在以后的程序语句中就可以用 P1_1 来对 P1.1 引脚进行读/写操作了。例如:

sbit P1_1 = P1^1;
sbit P1_1 = 0x91;

5.1.3 常量与变量

1. 常量

常量是在程序运行过程中不能改变的量,如固定的数据表、字符等。常量的数据类型只有整型、浮点型、字符型、字符串型和位标量。

1) 整型常量

不同数据类型的整型常量表示方法不同,十进制如 123、0、-89 等;十六进制则以 0x 开头,如 0x34、-0x3B 等;长整型就在数字后面加字母 L,如 104L、034L、0xF340 等。

2) 浮点型常量

浮点型常量可分为十进制和指数表示形式。

十进制浮点型常量由数字和小数点组成,整数或小数部分为 0,可以省略,但必须有小数点,如 0.888、3345.345、0.0 等。

指数浮点型常量表示形式如下:

[±]数字[.数字]e[±]数字

[ ]中的内容为可选项,如 125e3、7e9、-3.0e-3 等。

3) 字符型常量

字符型常量是单引号内的字符,如'a'、'd'等。表示不显示的控制字符,可以在该字符前面加一个反斜杠"\"组成专用转义字符,常用转义字符见表 5-4。

表 5-4 常用转义字符

转 义 字 符	含 义	ASCII 码(十六进制/十进制)
\'	单引号	27H/39
\"	双引号	22H/34
\\	反斜杠	5CH/92

4) 字符串型常量

字符串型常量由双引号内的字符组成,如"test"、"OK"等。当引号内没有字符时,为空字符串。

在 C 中字符串常量是作为字符类型数组来处理的,在存储字符串时系统会在字符串尾部加上"\0"转义字符,以作为该字符串的结束符。字符串常量"A"和字符常量'A'是不同的,前者在存储时多占用 1 字节的空间。

5) 位标量

位标量是 C51 编译器的一种扩充数据类型,它的值是一个二进制位,不是 0 就是 1。下面来看一些常量定义的例子。

```
#define False 0x0;
        //用预定义语句可以定义常量,这里定义 False 为 0,True 为 1
#define True 0x1;
        //在程序中用到 False 编译时自动用 0 替换,同理 True 替换为 1
unsigned int code a = 100;
        //这一句用 code 把 a 定义在程序存储器中并赋值
const unsigned int c = 100;
        //用 const 定义 c 为无符号 int 常量并赋值
```

以上两句它们的值都保存在程序存储器中,而程序存储器在运行中是不允许被修改的,所以如果在这两句后面用了类似 a=110,a++这样的赋值语句,编译时会出错。

2. 变量

变量是可以在程序运行过程中不断变化的量,变量的定义可以使用所有 C51 编译器支持的数据类型。要在程序中使用变量必须先用标识符作为变量名,并指出所用的数据类型和存储模式,这样编译系统才能为变量分配相应的存储空间。

定义一个变量的格式如下:

[存储类型] 数据类型 [存储器类型] 变量名表

在定义格式中除了数据类型和变量名表是必要的,其他都是可选项。

1) 存储类型

不同存储类型的变量以及不同位置定义的变量具有不同的代码有效范围,也就是变量的作用域。在单片机程序中,按照变量的存储类型,可以分为自动变量、全局变量、静态变量和寄存器变量。

(1) 自动变量。自动变量是以关键字 auto 标识的变量类型,其一般是在函数的内部或者复合语句中使用。

自动型变量的作用域范围是函数或者复合语句的内部。在 C51 中,函数或复合语句内部定义自动变量时,关键字 auto 可以省略,即默认为自动型变量。

在程序执行过程中,自动变量是动态分配存储空间的。当程序执行到该变量声明语句时,根据变量类型自动为其分配存储空间。当该函数或者复合语句执行完后,该变量的存储空间将立刻自动取消,此时该自动变量失效,在函数或者复合语句外部将不能够使用该变量。

(2) 全局变量。全局变量是以关键字 extern 标识的变量类型,如果一个变量定义在所有函数的外部,即整个程序文件的最前面,那么这个变量便是全局变量。全局变量有时也称为外部变量。

在编译程序时,全局变量将被静态地分配适当的存储空间。该变量一旦分配空间,在整个程序运行过程中便不会消失。因此,全局变量对整个程序文件都有效,即全局变量可以被该程序文件中的任何函数使用。

(3) 静态变量。静态变量以关键字 static 定义,从变量作用域来看,静态变量和自动变量类似,作用域只是定义该变量的函数内部。如果静态变量定义在函数外部,将具有全局的作用域。

而从内存占用的角度来看,静态变量和全局变量类似,其始终占有内存空间。

(4) 寄存器变量。单片机的 CPU 寄存器中也可以保存少量的变量,这种变量称为寄存器变量。寄存器变量以关键字 register 声明。

由于单片机对 CPU 寄存器的读/写十分快,因此寄存器变量的操作速度要远高于其他类型的变量。寄存器变量常用于某一变量名频繁使用的情况,这样做可以提高系统的运算速度。

由于单片机资源有限,程序中只允许同时定义两个寄存器变量。如果多于两个,在编译时会自动地将其他的寄存器变量当作非寄存器变量来处理。

2) 存储器类型

存储器类型的说明就是指定该变量在 C51 硬件系统中所使用的存储区域,并在编译时准确的定位。表 5-5 中是 Keil μVision2 所能识别的存储器类型。

表 5-5　Keil μVision2 所能识别的存储器类型

存储器类型	说　明
data	直接访问内部数据存储器(128B)，访问速度最快
bdata	可位寻址内部数据存储器(16B)，允许位与字节混合访问
idata	间接访问内部数据存储器(256B)，允许访问全部内部地址
pdata	分页访问外部数据存储器(256B)，用 MOVX@Ri 指令访问
xdata	外部数据存储器(64KB)，用 MOVX@DPTR 指令访问
code	程序存储器(64KB)，用 MOVC@A+DPTR 指令访问

如果省略存储器类型，系统则会按编译模式 small、compact 或 large 所规定的默认存储器类型去指定变量的存储区域。

(1) small 存储模式。small 存储模式将函数参数和局部变量放在片内 RAM(默认变量类型为 DATA，最大为 128B)。另外，所有对象包括栈都优先放置在片内 RAM，当片内 RAM 用满，再向片外 RAM 放置。

(2) compact 存储模式。compact 存储模式将参数和局部变量放在片外 RAM(默认存储类型是 PDATA，最大为 256B)；通过 R0、R1 间接寻址。

(3) large 存储模式。large 存储模式将参数和局部变量直接放入片外 RAM(默认的存储类型是 XDATA，最大为 64KB)；使用数据指针 DPTR 间接寻址，因此访问效率较低。

5.2　C51 运算符和表达式

5.2.1　算术运算符

算术运算符是执行算术运算时的操作符，包括四则运算符和取模运算符，见表 5-6。

表 5-6　算术运算符

符　号	作　用	举　例	解　释
+	加	$A=x+y$	A 的值为变量 x 与 y 之和
-	减	$B=x-y$	B 的值为变量 x 与 y 之差
*	乘	$C=x*y$	C 的值为变量 x 与 y 之积
/	除	$D=x/y$	D 的值为变量 x 与 y 之商
%	取余数	$E=x\%y$	E 的值为变量 x 与 y 的余数

5.2.2　关系运算符

关系运算符用来对两个变量的大小进行判断，见表 5-7。

表 5-7　关系运算符

符　号	作　用	举　例	解　释
==	相等	$x==y$	比较 x 与 y 变量的值是否相等，相等结果为 1，不相等则结果为 0
!=	不相等	$x!=y$	比较 x 与 y 变量的值是否相等，不相等结果为 1，相等则结果为 0

续表

符号	作用	举例	解释
>	大于	$x>y$	若 x 变量的值大于 y 变量的值,其结果为 1;否则为 0
<	小于	$x<y$	若 x 变量的值小于 y 变量的值,其结果为 1;否则为 0
>=	大于或等于	$x>=y$	若 x 变量的值大于或等于 y 变量的值,则结果为 1;否则为 0
<=	小于或等于	$x<=y$	若 x 变量的值小于或等于 y 变量的值,则结果为 0

5.2.3 逻辑运算符

逻辑运算符就是执行逻辑运算功能的操作符号,包括与(AND)、或(OR)、非(NOT),逻辑运算的最终结果为真(值为 1)或假(值为 0),见表 5-8。

表 5-8 逻辑运算符

符号	作用	举例	解释
&&	与运算	$(x>y)\&\&(y>z)$	若 x 变量的值大于 y 变量的值,且 y 变量的值也大于 z 变量的值,其结果为真(值为 1);否则为假(值为 0)
||	或运算	$(x>y)\|\|(y>z)$	若 x 变量的值大于 y 变量的值,或 y 变量的值也大于 z 变量的值,其结果为真(值为 1);否则为假(值为 0)
!	非运算	$!(x>y)$	若 x 变量的值大于 y 变量的值,其结果为真(值为 1);否则为假(值为 0)

5.2.4 布尔"位"运算符

布尔"位"运算符与逻辑运算符比较相似,不同之处在于逻辑运算的最终结果为真或假,而布尔"位"运算符的结果是一个具体数据。布尔"位"运算符见表 5-9。

表 5-9 布尔"位"运算符

符号	作用	举例	解释
&	与运算	$A=x\&y$	变量 A 的结果为将 x 与 y 变量的每个位进行 AND 运算
|	或运算	$B=x\|y$	变量 B 的结果为将 x 与 y 变量的每个位进行 OR 运算
^	异或运算	$C=x\^y$	变量 C 的结果为将 x 与 y 变量的每个位进行 XOR 运算
~	取反运算	$D=\sim x$	变量 D 的结果为将 x 与 y 变量的每个位进行取反运算
<<	左移运算	$E=x<<n$	变量 E 的结果为将变量 x 值左移 n 位
>>	右移运算	$F=x>>n$	变量 F 的结果为将变量 x 值右移 n 位

5.2.5 赋值运算符

赋值运算符包括"="运算符,还有算术运算符、逻辑运算符等,见表 5-10。

表 5-10 赋值运算符

符号	作用	举例	解释
&=	赋值与	$G\&=x$	将 G 变量的值与变量 x 的值进行 AND 运算,其结果存入 G 变量中,功能相当于 $G=G\&x$

续表

符号	作用	举例	解释
|=	赋值或	$H\|=x$	将 H 变量的值与 x 变量的值进行 OR 运算,结果存入 H 变量中,功能相当于 $H=H\&x$
^=	赋值异或	$I^\wedge=x$	将 I 变量的值与 x 变量的值进行 XOR 运算,结果存入 I 变量中,功能相当于 $I=I^\wedge x$
<<=	左移赋值	$J<<=n$	将 J 变量的值左移 n 位,其功能与 $J=J<<n$ 相当
>>=	右移赋值	$K>>=n$	将 K 变量的值右移 n 位,其功能与 $K=K>>n$ 相当
%=	赋值取余	$F\%=x$	将 F 变量的值除于 x 变量,余数存入 F 变量中,功能相当于 $F=F\%x$

5.2.6 递增/递减运算符

递增/递减运算符也是一种比较有效的运算符,包括自加与自减运算符,见表 5-11。

表 5-11 递增/递减运算符

符号	作用	举例	解释
++	自加 1	$x++$	将 x 变量的值自加 1
--	自减 1	$x--$	将 x 变量的值自减 1

5.2.7 运算符的优先级

运算符的优先级见表 5-12。

表 5-12 运算符的优先级

优先级	运算符或提示符	解释
1	(、)	小括号
2	~、!	取补码、反相运算符
3	++、--	自加 1、自减 1
4	*、/、%	乘、除、取余数
5	+、-	加、减
6	<<、>>	左移、右移
7	<、>、<<=、>>=、==、!=	关系运算符
8	&	布尔"位"AND 运算符
9	^	布尔"位"XOR 运算符
10	|	布尔"位"OR 运算符
11	&&	逻辑运算符 AND
12	||	逻辑运算符 OR
13	=、*=、/=、%=、+=、-=、<<=、>>=、&=、^=、|=	赋值运算符

5.3 C51 流程控制

C 语言基本结构为顺序结构、选择结构和循环结构,下面分别进行介绍。

5.3.1 顺序结构

顺序结构是指代码执行时按照从上到下的顺序,逐条往下执行。其执行流程如图 5-1 所示。

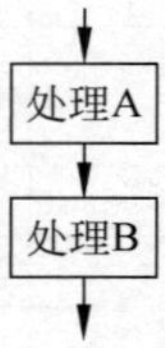

5.3.2 选择结构

选择指令的功能是根据条件决定程序的流程,Keil C 所提供的选择指令有 if-else 语句和 switch 语句。

1. if-else 语句

if-else 语句是最常用的选择结构语句,通常有三种格式,分别如下。

(1) if 语句,其结构如下,其流程图如图 5-2 所示。

```
if(表达式)
{
    语句块;
}
```

注:如果花括号内的语句块仅一条语句,可省略花括号。

(2) if-else 语句,其结构如下,其流程图如图 5-3 所示。

```
if(表达式)
{
    语句块;
}
else
{
    语句块;
}
```

图 5-1　顺序结构流程图

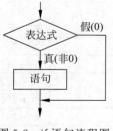

图 5-2　if 语句流程图

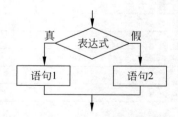

图 5-3　if-else 语句流程图

(3) if-else if-else 语句,该语句可实现多重分支功能,其结构如下,其流程如图 5-4 所示。

```
if(表达式 1)
{语句块 1;}
else if(表达式 2)
{语句块 2;}
else if(表达式 3)
```

```
{语句块 3;}
    ...
else if(表达式 m)
{语句块 m;}
else
{语句块 n;}
```

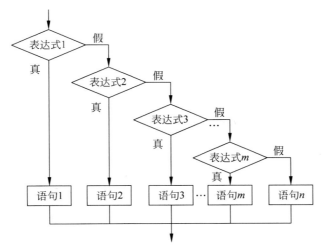

图 5-4 if-else if-else 语句流程图

2. switch 语句

switch 语句也是一种多分支结构,其结构如下,其流程如图 5-5 所示。

```
switch(表达式)
{
    常量表达式 1:语句块 1;break;
    常量表达式 2:语句块 2;break;
    ...
    常量表达式 n:语句块 n;break;
    default:语句块 n + 1;break
}
```

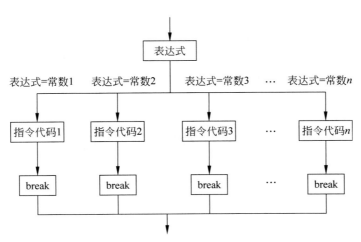

图 5-5 switch 语句流程图

5.3.3 循环结构

1. while 循环

while 语句将判断条件放在语句之前,称为前条件循环,其流程图如图 5-6 所示,其格式如下:

```
while(表达式)
{
    语句块;
}
```

2. for 循环

for 语句是一个很实用的计数循环,其流程图如图 5-7 所示,其格式如下:

```
for(表达式1;表达式2;表达式3)
{
    语句块;
}
/*
表达式1:初始值设置
表达式2:循环条件
表达式3:更新变量
如果语句块为单行语句,可省略大括号。
*/
```

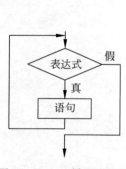

图 5-6　while 循环流程图

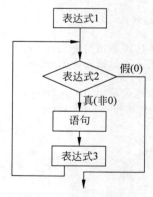

图 5-7　for 循环流程图

5.4　C51 数组与字符串

5.4.1　一维数组

(1) 定义:

int a[10],float x[5],char ch[100]...

（2）数组的下标是从 0 开始的,如 int a[10]表示该数组可以存 10 个 int 型数据,分别如下:

a[0],a[1],...,a[9]

（3）数组赋初值:一种是定义时赋值,如 int a[5]={1,3,2,7,9};另一种是利用循环的方式赋值,例如:

```
for(int i = 0;i < 5;i++)
    a[i] = 2 * i + 1;
```

注:循环赋值的方法一般针对数组里面的数满足一定的规律变化。

（4）一维数组的输出:一般利用循环的方式输出每个元素,例如,对于 a[5]里面的数,可用下面代码输出。

```
for(int i = 0;i < 5;i++)
    printf("%d,",a[i]);
```

例如,定义一个数组,里面分别存储 1、3、5、7、9,然后再分别顺序和逆序输出该数组。

```
#include <stdio.h>
void main()
{
    int a[5];
    int i;
    for(i = 0;i < 5;i++)
        a[i] = 2 * i + 1;
    printf("顺序输出:");
    for(i = 0;i < 5;i++)
        printf("%d ",a[i]);
    printf("\n逆序输出:");
    for(i = 4;i >= 0;i--)
        printf("%d ",a[i]);
    printf("\n");
}
```

除了一维数组外,还有二维数组或更多维数组。限于篇幅,此处不再详细介绍。

5.4.2 字符串

在 C 语言中,处理字符数组可以按照普通数组的方式来定义,例如:

char c[10] = {'H','e','1','1','o'};

即定义了一个长度为 10 的字符数组,前 5 个字符为 Hello,后 5 个系统默认为空字符\0（其 ASCII 值为 0）。用字符数组相对比较烦琐,所以通常用字符串来处理。简单地说,字符串就是加上空字符的字符数组。

1．字符串的定义

上述字符数组可以直接用字符串的形式定义:

char c[10] = {"Hello"};

字符串定义时会在末尾自动添加一个空字符'\0'。

2. 字符串的输入与输出

常用的字符串输入函数有 gets() 函数和 scanf() 函数。例如,将字符串输入到上述数组 c[10],可以用 gets(c) 或 scanf("%s",c) 语句。

这两个函数略有区别,gets() 函数以换行符作为结束标志,scanf() 函数以空白符作为结束标志,在使用时要注意区别。

常用的字符串输出函数有 puts() 函数和 printf() 函数。例如,将数组 c[10] 的内容输出到屏幕,可以用 puts(c) 或 printf("%s",c) 语句。puts() 函数执行后会自动添加一个换行符。除此之外,这两个函数几乎没有区别。

例如,输入一个字符串,统计其长度。

```c
#include<stdio.h>
int main(void)
{
    int i;
    char str[100];
    printf("请输入字符串:\n");
    gets(str);
    for(i = 0;str[i] != '\0';i++);
    printf("该字符串长度为:%d\n",i);
    return 0;
}
```

在本例中,我们用循环计数的方式统计了字符串 str 的长度,在实际中也可调用 C 标准库中<string.h>的 strlen() 函数来统计长度,代码如下所示。

```c
#include<stdio.h>
#include<string.h>
int main(void)
{
    int n;
    char str[100];
    printf("请输入字符串:\n");
    gets(str);
    n = strlen(str);
    printf("该字符串长度为:%d\n",n);
    return 0;
}
```

在 C 标准库中,还有 strcat()、strncat()、strcpy()、strncpy()、strcmp() 等众多函数可以调用。

5.5 C51 函数与中断子程序

函数(function)和中断子程序都属于子程序。也可以称函数为子程序,称中断子程序为中断函数。

1. 函数

函数的结构与主程序的结构类似,不过函数还能传入自变量,其结构如下:

```
void Sub_name(int x)
{   …
    int i, j;
    unsigned char LED;
    …
    LED = 0xff;                    / * 关闭 LED * /
    …
}
```

其中,void 为传出自变量;Sub_name 为函数名;x 为传入自变量;"int i,j;"和"unsigned char LED;"为变量声明区;"LED=0xff;   / * 关闭 LED * /"为程序区。

2. 中断子程序

中断子程序的结构与函数的结构类似,不过中断子程序不能传入自变量,也不返回值。而且使用中断子程序之前不需要声明,但需要在主程序中进行中断的相关设置。

从中断子程序的第一行就可以看出它与一般函数的不同,如下所示。

void 中断子程序名称 (void) interrupt 中断编号 using 寄存器组

interrupt 右边表示中断编号,Keil C 提供 0~31 等 32 个中断编号,不过 8051 只使用 0~4,8052 则使用 0~5,例如要声明为 INT0 外部中断,则标识为"interrupt 0";若要声明为 T0 定时计数器中断,则标识为"interrupt 1"。

using 右边表示中断子程序里所要采用的寄存器组。8051 内部有 4 组寄存器组,即 RB0~RB3。通常主程序使用 RB0,根据需要在子程序里使用其他寄存器组,以避免数据的冲突。若不指定寄存器组,则可省略本项目。

5.6　C51 头文件

我们在用 C 语言编程时往往第一行就是头文件,51 单片机为 reg51.h 或 reg52.h,其功能主要是定义特殊功能寄存器和位寄存器,下面具体说明一下内容。

5.6.1　"文件包含"处理概念

"文件包含"是指在一个文件内将另外一个文件的内容全部包含进来。因为被包含的文件中的一些定义和命令使用的频率很高,几乎每个程序中都可能要用到,为了提高编程效率,减少编程人员的重得劳动,将这些定义和命令单独组成一个文件,如 reg52.h,然后用 ♯include＜reg52.h＞包含进来就可以了,这个就相当于工业上的标准零件,拿来直接用就可以了。

5.6.2　寄存器地址及位地址声明

reg51.h 或 reg52.h 里面主要是一些特殊功能寄存器的地址声明,对可以位寻址的,还包括一些位地址的声明,如 sfr P1=0x80;sfr IE=0xA8;sbit EA=0xAF 等。

sfr P1=0x80 表示 P1 口所对应的特殊功能寄存器 P1 在内存中的地址为 0x80；sbit EA=0xAF 表示 EA 这位的地址为 0xAF。

注意：这里出现了使用很频繁的 sfr 和 sbit。

sfr 表示特殊功能寄存器的意思，它并非标准 C 语言的关键字，而是 Keil 为能直接访问 80C51 中的 SFR 而提供了一个新的关键词，其用法如下：

sfr 特殊功能寄存器名=地址值

注意：对于头文件里"特殊功能寄存器名"，用户实际上也可以修改，如 P1=0x80，也可修改为 A1=0x80，但 sfr 和地址值则不能更改；否则会编译出错。

sbit 表示位的意思，它也是非标准 C 语言的关键字，编写程序时如需操作寄存器的某一位(可位寻址的寄存器才能用)时，需定义一个位变量，此时就要用到 sbit，例如：

sbit deng = P1^0, sbit EA = 0xAF;

需要注意的是，位定义时有 3 种特殊用法。
第一种方法：sbit 位变量名=寄存器位地址值。
第二种方法：sbit 位变量名=SFR 名称^寄存器位值(0~7)。
第三种方法：sbit 位变量名=SFR 地址值^寄存器位值。
例如：

sbit IT0=0x88 (1)说明 0x88 是 IT0 的位地址值。
sbit deng=P1^2 (2)说明其中 P1 必须先用 sfr 定义好。
sbit EA=0xA8^7 (3)说明 0xA8 就是 IE 寄存器的地址值。

以上三种定义方法需注意的是 IT0 deng EA 可由用户随便定义，但必须满足 C 语言对变量名的定义规则。除此以外，其他的则必须按照上面的格式写，如"名称变量位地址值"中"^"，它是由 Keil 软件规定的，不能写成其他的，只能这样写才能编译通过。

除了 reg51.h 或 reg52.h 外，C51 中常用的头文件还有 math.h、intrins.h、absacc.h、stdio.h、stdlib.h 等，其具体功能如下。

(1) math.h 是定义数学运算的，求方根、正余弦、绝对值等。
(2) intrins.h 是固有函数。
(3) absacc.h 是访问特殊功能寄存器的。
(4) stdio.h 是动态内存分配函数。
(5) stdlib.h 是标准库文件函数。

本 章 小 结

本章主要介绍了 C 语言中变量、运算符、控制结构、数组、函数等重要概念，同时也介绍了单片机开发中与普通 C 语言区别的地方。在本书后续的项目开发中，是以 C 语言进行编写的，所以掌握本章内容对学习后续内容非常重要。

习 题

1. C 程序总是从（　　）开始执行的。
   A. 主函数　　　　　B. 主程序　　　　　C. 子程序　　　　　D. 主过程
2. 已知字母 A 的 ASCII 码为十进制数 65，且 c2 为字符型，则执行语句 c2='A'+3 后，c2 中的值为（　　）。
   A. D　　　　　　　B. 68　　　　　　　C. 不确定的值　　　D. C
3. 以下选项中，不合法的用户标识符是（　　）。
   A. abc.c　　　　　B. file　　　　　　C. Main　　　　　　D. PRINT
4. 判断 char 型变量 c1 是否为小写字母的正确表达式为（　　）。
   A. 'a'<=c1<='z'　　　　　　　　　　B. （c1>=A）&&（c1<='z'）
   C. （'a'>=c1）||（'z'<=c1）　　　　　D. （c1>='a'）&&（c1<='z'）
5. 在 C51 的数据类型中，unsigned char 型的数据长度和值域为（　　）。
   A. 单字节，$-128 \sim 127$　　　　　B. 双字节，$-32768 \sim +32767$
   C. 单字节，$0 \sim 255$　　　　　　　D. 双字节，$0 \sim 65535$
6. 在 Keil C 的程序里，若要指定 P0 口的 bit3，应编写（　　）。
   A. P0.3　　　　　B. Port0.3　　　　C. P0^3　　　　　　D. Port^3
7. C 语言是由（　　）基本单位组成的。
   A. 过程　　　　　B. 语句　　　　　　C. 函数　　　　　　D. 程序
8. 使用单片机开发系统调试 C 语言程序时，首先应新建文件，该文件的扩展名是（　　）。
   A. .c　　　　　　B. .hex　　　　　　C. .bin　　　　　　D. .asm
9. C 语言中最简单的数据类型包括（　　）。
   A. 整型、实型、逻辑型　　　　　　　B. 整型、实型、字符型
   C. 整型、字符型、逻辑型　　　　　　D. 整型、实型、逻辑型、字符型
10. 单片机 C51 头文件中，包含寄存器地址的头文件是（　　）。
    A. stdio.h　　　　B. math.h　　　　　C. reg51.h　　　　　D. string.h

实践作业 5

班级		学号		姓名	
任务要求	\(1\)列举单片机 C 语言与普通计算机 C 语言的区别。 \(2\)在 Keil 软件中编译一个 C 语言程序（参考附录 C）。				
实施过程					

第6章　CPU时序与单片机最小系统

> **学习目标**
> (1) 了解单片机时序的概念。
> (2) 掌握单片机最小系统的构成。
> (3) 了解单片机节电的方法。

6.1　CPU时序

单片机是一款典型的数字电路产品，在晶体振荡器的周期性脉冲下完成各项指令。因此晶体振荡器的时钟周期或振荡频率对单片机来说是一个重要的参数，51系列常用的晶振的振荡频率为12MHz，本书若未做特殊说明，晶振的振荡频率均默认为12MHz，其他常用的有11.0592MHz、6MHz、24MHz、33MHz等。通常振荡频率越高，单片机速度越快。单片机在指令的执行过程中的每个步骤均与时钟周期息息相关，本节主要介绍单片机CPU时序方面的相关知识。

6.1.1　机器周期

单片机是数字逻辑电路，以晶体振荡器的振荡周期（或外部引入时钟信号的周期）为最小的时序单位，内部的各种操作都以晶振周期为时序基准。

(1) 振荡周期。振荡周期也称为时钟周期，拍节是指为单片机提供时钟脉冲信号的振荡源的周期，用 T_P 表示。

例如，某单片机系统采用的石英晶体振荡频率为12MHz，则其振荡周期为

$$T_P = \frac{1}{f} = \frac{1}{12}(\text{MHz}) = 0.083(\mu s)$$

(2) 状态周期。振荡源提供的振荡脉冲经过二分频，才是CPU使用的时钟信号，我们将此信号的周期称为状态周期，用 T_S 表示。显然，状态周期为振荡周期的2倍。

(3) 机器周期。所谓机器周期，是指单片机完成一个相对独立的操作（比如加法或减法）所需要的时间。对于MCS-51系列单片机，一个机器周期包括6个状态周期，也就是12个振荡周期。

(4) 指令周期。指令周期是指单片机执行一个指令所需要的时间。显然,对于不同的指令,由于其复杂程度不同,所需时间也就不同。例如,在单片机内进行乘除法运算和加减法运算时的耗时肯定是不同的。根据所需机器周期不同,可以将单片机的指令分为单周期指令、双周期指令和四周期指令。大部分单片机指令都是单周期指令,即执行一条指令需要一个机器周期的时间。双周期指令只有一少部分。四周期指令则只有乘法和除法两条。

为加深对以上概念的理解,现举一个例子。设某单片机系统选用的是振荡频率为 12MHz 的石英晶体,则其各个周期分别如下。

振荡周期:

$$T_P = \frac{1}{f} = \frac{1}{12}(\text{MHz}) \approx 0.083(\mu s)$$

状态周期:

$$T_S = 2T_P = 0.166(\mu s)$$

机器周期:

$$T_M = 6T_S = 12T_P \approx 1(\mu s)$$

乘法周期:

$$T = 4T_M = 4(\mu s)$$

值得注意的是,现在很多新型的 51 系列单片机采用特殊结构和工艺,使得机器周期为 $1T$,即 1 个机器周期即为 1 个振荡周期,大大提高了单片机的运行速度。因此在使用时必须注意查看产品说明书,以免产生错误。

6.1.2 常用时序

MCS-51 单片机的指令按所占 ROM 存储单元可分为单字节指令、双字节指令和三字节指令,而根据其执行速度可分为单周期指令、双周期指令和四周期指令。两者组合起来,单片机的指令就有单字节单周期、单字节双周期、双字节单周期、双字节双周期和三字节双周期等几种情况。

下面介绍几种简单的读取指令以及执行指令的时序。

(1) 单字节单周期指令。在第一状态读入指令并开始执行,在第四状态读取的下一条指令要丢弃,而且程序计数器 PC 不加 1。

(2) 单字节双周期指令。在两个机器周期之间要读取四次指令,不过只有第一次读取的指令要执行,其余三个均要丢弃,而且程序计数器 PC 均不能加 1。

(3) 双字节单周期指令。在第一状态读入指令的第一字节(操作码),在第四状态读入指令的第二字节(操作数)。

以上三种情况下指令的读取及执行情况如图 6-1 所示。

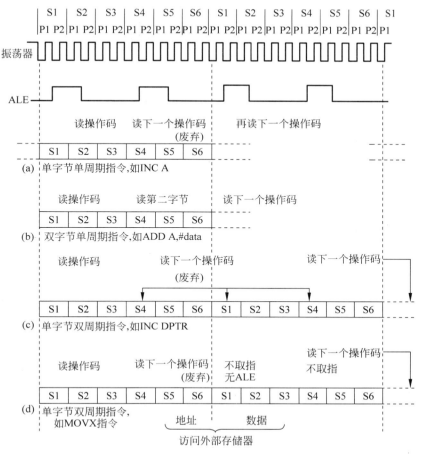

图 6-1　51单片机指令读取及执行情况

6.2　单片机最小系统

本节主要介绍能让单片机工作的最小系统，单片机工作需要的最小系统由3部分构成，分别是电源电路、复位电路和时钟电路。电源电路给单片机提供能量，而复位电路能让单片机快速回到初始状态，时钟电路则提供振荡脉冲。

6.2.1　电源电路

MCS-51 系列单片机使用直流电源供电，常用的是 5V 电源，对于 40 引脚的单片机，正极接在第 40 脚，负极接在第 20 脚。在实际使用中通常允许电源电压有一定的波动范围，如 STC89C52 系列允许范围为 3.5～5.5V。现在很多低功耗系列单片机通常采用 3.3V 电源供电，这样单片机在允许过程中功耗更小，在很多要求低功耗的场合具有重要的意义。

6.2.2　复位电路

单片机系统在受到干扰后，陷入不正常的运行状态，此时应对其进行复位，使其尽快回到初始状态，重新运行。单片机的复位电路有上电复位、按键复位等几种形式，如图 6-2

所示。系统复位后,单片机进入初始化状态。初始化完成后,程序指针 PC=0000H,即程序将从 0000H 地址单元处开始执行。其余各特殊功能寄存器的状态见表 6-1。

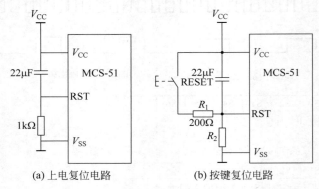

(a) 上电复位电路　　　　(b) 按键复位电路

图 6-2　单片机复位电路

表 6-1　复位后的特殊功能寄存器的状态

寄存器名称	状态	寄存器名称	状态
PC	0000H	TMOD	00H
ACC	00H	TCON	00H
B	00H	TH0	00H
PSW	00H	TL0	00H
SP	07H	TH1	00H
DPTR	0000H	TL1	00H
P0~P3	FFH	SCON	00H
IP	＊＊＊00000B	SBUF	不定
IE	0＊＊00000B	PCON	0＊＊＊0000

注:(1) 复位后 PC 值为 0000H,表明复位后程序从 0000H 开始执行。
　　(2) SP 值为 07H,表明堆栈底部在 07H。一般需重新设置 SP 值。
　　(3) P0~P3 口值为 FFH。P0~P3 口用作输入口时,必须先写入 1。单片机在复位后,已使 P0~P3 口每一端线为 1,为这些端线用作输入口做好了准备。
　　＊表示无关位。

6.2.3　时钟电路

MCS-51 单片机的时钟信号通常由两种方式产生,一种是内部振荡方式;另一种是外部时钟方式。由于单片机内部已包含振荡电路,只需外加石英晶体和微调电容即可,因此常用内部振荡方式的电路连接如图 6-3 所示。

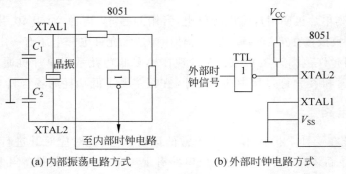

(a) 内部振荡电路方式　　　　(b) 外部时钟电路方式

图 6-3　单片机时钟电路

图 6-3 中,石英晶体的振荡频率可在 1.2~40MHz 选择,典型值为 12MHz、11.0592MHz 和 24MHz 等;电容值在 5~30pF,典型值为 30pF。

6.2.4 单片机最小系统

有了电源电路、复位电路和时钟电路的单片机系统即为最小系统,如图 6-4 所示。在实际项目中一般必须具备这 3 个部分,才能保证单片机可靠运行。在实验或者测试过程中,复位电路通常可以省略,可采用重新上电的方法代替复位电路,简化电路设计。在有些单片机型号中,单片机内部包含有一个简易的晶振电路,这样也可以用内部时钟电路来提供振荡脉冲,但通常内部时钟电路的精度没有外部时钟电路高。

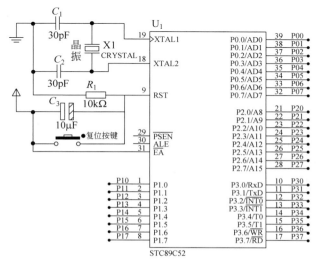

图 6-4 单片机最小系统

6.3 单片机节电方式

使用过计算机的读者都知道,在计算机空闲时往往会进入待机(睡眠)模式,用来节约能量,那么单片机也有相应的节电模式,本节将进行简单介绍。

6.3.1 单片机的节电方式

所谓节电方式,就是让设备空闲时,系统耗电量更低,但同时又能保持系统中的数据不丢失。MCS-51 的节电方式有两种,分别为待机方式(idle mode,IDL 方式)和掉电方式(power-down mode,PD 方式)。MCS-51 的工作方式由电源控制寄存器 PCON 来控制,其 IDL 及 PD 端分别控制待机方式和掉电方式。MCS-51 功率控制示意图如图 6-5 所示。

1. 待机方式

若 IDL 端为 1,则进入待机方式。在此情况下,除了中断、串行口、定时器/计数器等仍正常提供时钟脉冲外,CPU 的其他部分均无时钟脉冲。因此 CPU 将停止工作,而其中各寄存器、堆栈、存储器、输入/输出端口的数据并不会消失。若要结束待机方式,只需要

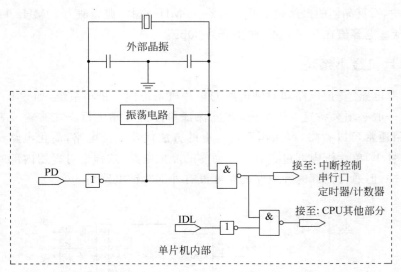

图 6-5 MCS-51 功率控制示意图

让 IDL 端为 0 即可恢复正常运行。若要让 IDL 端为 0,可用下面任一种方法完成。

(1) 启动任一个中断,再由其中断子程序将 IDL 设置为 1。

(2) 让系统复位,也就是让 RESET 引脚(第 9 脚)为高电平,持续两个机器周期,则 CPU 内各寄存器恢复为初始状态,PCON 寄存器里的 IDL 位将恢复为 0。不过系统复位后,各寄存器、输入/输出端口等数据将消失,但存储器内的数据仍在。

2. 掉电方式

若 PD 端为 1,则进入掉电方式,此时完全不提供时钟脉冲,功率损耗降至最低。外加电源也可由原来的 +5V 降至 +2V。当然,各寄存器、堆栈、存储器、输入/输出端口等数据并不会丢失。

若要结束掉电方式,必须先将电源恢复 +5V,然后让系统复位,即让 RESET 引脚(第 9 脚)为高电平,且持续 10ms 以上。

6.3.2 电源控制寄存器 PCON

由上述介绍可知,PCON 寄存器是控制电源管理的寄存器,其地址为 87H,是不可位寻址的寄存器,其各位功能见表 6-2。

表 6-2 PCON 寄存器各位功能表

PCON	D7	D6	D5	D4	D3	D2	D1	D0
功能	SMOD	—	—	—	GF1	GF0	PD	IDL

其各位功能简介如下。

(1) SMOD 为波特率倍增位。当串行口工作于方式 1、方式 2、方式 3,且使用定时器 1 为其波特率产生器时,若 SMOD 位为 1,则波特率加倍;若 SMOD 位为 0,则波特率正常。

(2) GF1 与 GF0 为通用标志位,用户可自行设置或清除这两个标志。通常,我们是使用这两个标志作为由中断唤醒待机方式中的 8051 系统。

(3) PD 位为掉电方式位。当 PD=1 时,进入掉电方式;当 PD=0 时,结束掉电方式。

(4) IDL 位为待机方式位。当 IDL=1 时,进入待机方式;当 IDL=0 时,结束待机方式。

当系统复位时,PCON 寄存器的初始状态为 0xxx000B(CMOS 版本)或 0xxxxxxxB(HMOS 版本)。

本 章 小 结

本章主要介绍单片机时序、最小系统和节电方式等概念。单片机的机器周期和指令周期在单片机项目开发中是非常重要的概念。本书所用的 STC89C52 单片机是 12 个机器周期的单片机,在现在较为先进的芯片中有很多 1 个机器周期的单片机,大家可多关注新技术的发展。

单片机最小系统是保证单片机工作的最基本单元,是我们在进行项目开发时必须先完成的基本电路,因此在后续项目开发前,必须先掌握最小系统的搭建。

单片机本身功耗较低,因此在初学时往往不太关注能耗问题。但是,当前社会应用到单片机的产品非常多,从整体来看,芯片功耗不容忽视,因此在实际产品设计中,降低能耗也是必须要考虑的一个因素。

习 题

1. MCS-51 单片机中,1 个机器周期包含_____个时钟周期。
2. 单片机最小系统主要由单片机、电源、_____、时钟电路等组成。
3. MCS-51 系列单片机的 XTAL1 和 XTAL2 引脚是_____引脚。
4. 当振荡脉冲频率为 12MHz 时,1 个机器周期为_____。
5. MCS-51 的节电方式有两种,分别为_____和_____。

实践作业 6

Proteus 原理图绘制方法

班级		学号		姓名	
任务要求	用 Proteus 软件绘制单片机最小系统,并将其打印(参考附录 B)。					
实施过程						

第 2 部分　单片机应用的典型模块

本部分通过 LED、数码管、液晶屏等 8 个单片机应用的典型模块,介绍如何用单片机控制这些模块完成预期的功能。

本部分内容需要将理论和实践相结合,一是需要掌握单片机的部分原理和外设电路的工作原理;二是需要完成硬件电路设计、软件电路设计、系统调试和验证等步骤。在本部分学习中,首先要让学生掌握 Keil 软件、STC-ISP 软件的使用方法,具体见附录 C 和附录 D。

为了观察运行结果,学生一般需要一个成熟的开发环境,最常用的开发环境是单片机开发板或实验箱,本书所写示例均以通用开发板为准,市面上大部分开发板均能够满足示例运行的要求。

学习本部分内容时,希望学生能够多动手实践,举一反三,对实践过程中遇到的理论知识可回头查阅第 1 部分内容,这样才能加深印象,深刻理解单片机的工作原理。

Keil 软件的使用方法

51 单片机自制实验电路程序下载

用面包板搭建 51 单片机实验电路

用万用板搭建 51 单片机实验电路(上)

用万用板搭建 51 单片机实验电路(下)

第 7 章　控制 LED

学习目标
(1) 掌握 LED 的工作原理。
(2) 掌握单片机控制 LED 的硬件电路。
(3) 掌握 LED 闪烁、流动等程序的编写方法。
(4) 掌握 Keil 软件、STC-ISP 软件的使用方法。
(5) 掌握电路的搭建和调试方法。

7.1　LED 基本原理

7.1.1　LED 简介

　　LED(light emitting diode)的中文名称是发光二极管，是一种能够将电能转化为可见光的半导体，它改变了白炽灯钨丝发光与节能灯三基色发光的原理，采用电场发光。早期多用作指示灯、显示发光二极管板等，随着白光 LED 的出现，也被用作照明。LED 被称为第四代照明光源或绿色光源，具有节能、环保、寿命长、体积小等特点，广泛应用于各种指示、显示、装饰、背光源、普通照明和城市夜景等领域。生活中常见的 LED 灯如图 7-1 所示，不同颜色的 LED 灯如图 7-2 所示。

图 7-1　生活中常见的 LED 灯

图 7-2　不同颜色的 LED 灯

7.1.2　LED 发光原理

　　LED 主要由支架、银胶、晶片、金线、环氧树脂五种物料组成。LED 的核心是一个半导体的晶片,晶片的一端附着在一个支架上,是负极;另一端连接电源的正极,整个晶片被环氧树脂封装起来。半导体晶片由两部分组成,一部分是 P 型半导体,其中空穴占主导地位;另一部分是 N 型半导体,主要是电子。但这两种半导体连接起来时,它们之间就形成一个 P-N 结。当电流通过导线作用于这个晶片的时候,电子就会被推向 P 区,在 P 区里电子跟空穴复合,然后就会以光子的形式发出能量,这就是 LED 发光的原理。而光的波长决定了光的颜色,是由形成 P-N 结材料决定的。

LED 的内部结构如图 7-3 所示,LED 的电路符号如图 7-4 所示。

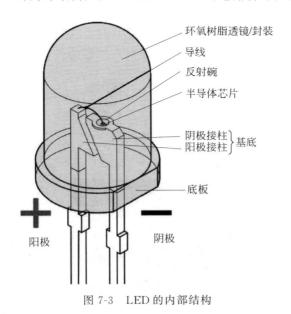

图 7-3 LED 的内部结构　　　　图 7-4 LED 的电路符号

7.1.3　LED 工作原理

LED 具有单向导电性,正极又称阳极,负极又称阴极,当电流从阳极流向阴极时,LED 就能发光。通常情况下电流越大,LED 发光亮度越强,但是需要注意的是流经 LED 的电流不宜过大,否则会造成 LED 烧毁。在正常的发光二极管电路中会串联一个电阻,目的就是限制通过发光二极管的电流过大,因此这个电阻又称为限流电阻,常用的限流电阻阻值为 200Ω～1kΩ。

在实际使用时,常将多个发光二极管连接成共阴极或者共阳极接法,如图 7-5 所示。

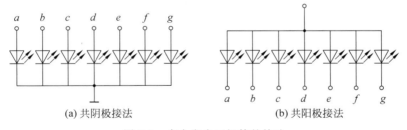

(a) 共阴极接法　　　　　　(b) 共阳极接法

图 7-5　多个发光二极管的接法

共阴极接法就是将多个发光二极管的阴极共同连接在一起,然后接至低电平,将阳极连接到其他控制端。共阳极接法就是将多个发光二极管的阳极连接在一起然后接至高电平,将阴极连接至其他控制端。对于共阴极连接的发光二极管,要想点亮其中的某个管子,只需在该管子的阳极上加上高电平即可;如不想点亮,则加上低电平。共阳极连接的发光二极管,如需点亮某个管子,只需要在相应的阴极上加上低电平;如不想点亮,则加上高电平。共阴极和共阳极管子控制方法相同,在本书后续章节中,如不做特殊说明,均以共阳极管为例。

7.1.4 LED 封装形式

一般来说,封装的功能在于提供芯片足够的保护,防止芯片在空气中长期暴露或机械损伤而失效,以提高芯片的稳定性,对于 LED 封装,还需要具有良好的光取出效率和良好的散热性,好的封装可以让 LED 具备更好的发光效率和散热环境,进而提升 LED 的寿命。

这里介绍常见的两种封装形式:普通直插式和贴片式封装。普通直插式封装 LED(见图 7-6(a))的工作电流为 3~20mA,直插式发光二极管的长脚为阳极,短脚为阴极。贴片式封装 LED(见图 7-6(b))所需要的电流更小,贴片式发光二极管正面的一端有彩色标记,通常有标记的一端为阴极。

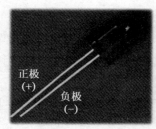
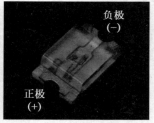

(a) 普通直插式封装LED　　(b) 贴片式封装LED

图 7-6　封装 LED

7.2　LED 应用实践

7.2.1　任务:点亮一个 LED

1. 任务要求

完成硬件电路设计,并在实验箱上完成搭建。在 Keil C51 软件中编写 LED 控制程序,并下载到单片机中,观察实验效果。

通过本任务,掌握单片机最小系统的设计、单个 LED 电路的设计、实验箱布局。掌握 Proteus 仿真软件和 Keil C51 软件的基本应用,以及 STC-ISP 软件的下载方法。

2. 任务分析

单片机点亮一个 LED 系统是最简单的单片机应用系统,包括硬件电路设计、控制程序设计、程序下载编译等步骤。

3. 硬件电路设计

根据前面 LED 原理,可以选择用单片机 P1.0 引脚来控制 LED,采用共阳极电路的模式即将 LED 的阴极接至单片机,将 LED 的阳极通过限流电阻连接至电源,加上单片机工作的最小系统,就形成了整个硬件电路,如图 7-7 所示。

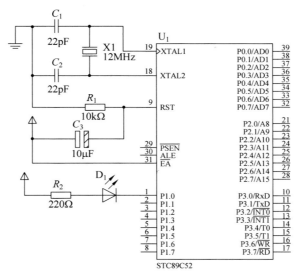

图 7-7　单片机与 LED 电路连接

4. 程序设计

本任务要求点亮一个发光二极管,LED 阳极接 V_{CC} 引脚获得高电平,经过 220Ω 限流电阻,阴极接单片机 P1.0 引脚,闭合回路即可点亮。

```
//程序:ex7.1.c
//功能:点亮一个 LED
#include<reg52.h>
sbit LED = P1^0;
void main()
{
    LED = 0;              //点亮 LED
    while(1);             //原地踏步,待机
}
```

程序解析如下。

1) 预处理

单片机几乎所有的工程代码中都会出现这条语句:#include "reg52.h"这是将名为 reg52.h 的头文件包含进来,文件包含是指一个源文件,可以将另外一个源文件的内容包含进来,文件包含的一般形式如下:

```
#include "文件名"
```

或

```
#include<文件名>
```

文件包含的功能就是用相应文件中的全部内容替换该预处理命令行,该控制命令一

般放在源文件的起始部分,也就是头部,被称为头文件。

例如,在 file 源文件(file.c)中包含 file 头文件(file.h),作用就相当于将 file.h 文件中的全部内容置换掉 file.c 文件中 #include "file.h" 预处理命令。所谓预处理命令,是指对源程序进行编译之前先对源程序中的预处理命令进行处理,再将处理的结果和源程序进行编译,得到目标代码。预处理过程如图 7-8 所示。

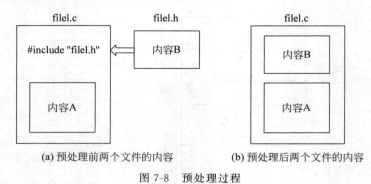

(a) 预处理前两个文件的内容　　(b) 预处理后两个文件的内容

图 7-8　预处理过程

2) main()主函数

语法格式:

void main()

注意:后面没有分号。

特点:无返回值无参数。

无返回值表示该函数执行完后不返回任何值。main 前面的 void 表示"空",即不返回值的意思。无参数表示该函数不带任何参数,即 main 后面的括号中没有任何参数,只写"()"就可以;也可以在括号里写上 void 表示"空"的意思,如 void main(void)。

任何一个单片机 C 程序有且仅有一个 main 函数,它是整个程序开始执行的入口。大家注意看在写完 main()之后,在下面有两个花括号{},这是 C 语言中函数写法的基本要求之一,即在一个函数中所有的代码都写在这个函数的两个大括号内,每条语句结束后都要加上分号,语句与语言之间可以用空格或回车隔开。例如:

```
void main()
{
    程序从这里开始执行;
    后续语句;
}
```

3) 位定义

"sbit LED=P1^0;"表示将 P1.0 引脚定义为位变量 LED,在后续程序中,要想使该引脚的值为低电平,则只需执行代码"LED=0;"即可;若想让该引脚的值为高电平,则只需执行代码"LED=1;"。

4) HEX 文件

在 Keil 源文件中,输入的 C 语言代码采用的是高级语言,直接把源文件的高级语言下载到单片机中是不行的,因为单片机能够识别的只能是二进制或者十六进制的机器语言,需要将源文件的高级语言转换为单片机能够识别的机器语言,也就是 HEX 文件。

在本程序执行中生成的 ex1.hex 文件可以用记事本打开查看,内容如下:

```
:03000000020800F3
:0C080000787FE4F6D8FD75810702080C33
:04080C00D29080FE08
:00000001FF
```

以上内容是用十六进制数据表示的地址信息和指令码,即二进制程序。

5. 任务实施

(1) 用 Proteus 软件绘制电路图。
(2) 根据电路图在实验箱(或开发板)上连接硬件电路(具体步骤详见附录 B)。
(3) 在 Keil C51 软件中编写代码并完成编译(具体步骤详见附录 C)。
(4) 将编译成功生成的 HEX 文件下载至单片机中,观察运行结果。

7.2.2 任务:控制 8 个 LED 闪烁

1. 任务要求

通过并行 I/O 口控制 8 个共阳发光二极管,实现 8 个 LED 灯亮、灭交替闪烁,闪烁间隔为 1s。

动画:单片机控制 8 个 LED 定时交替闪烁

2. 任务分析

单片机有 4 个并行 I/O 口 P0~P3,每个 I/O 口包括 8 条 I/O 口线。本任务利用 P0 口的 8 条 I/O 口线 P0.0~P0.7 分别控制 1 个 LED,正好实现对 8 个 LED 的控制。

单片机控制 LED 闪烁

3. 硬件电路设计

根据任务控制要求,使用单片机并行 I/O 口 P0 的 8 个引脚去控制 8 个 LED,8 个 LED 的正极经过限流电阻后接到电源 V_{CC} 上,电路如图 7-9 所示。

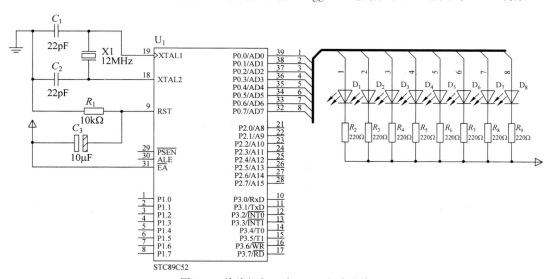

图 7-9 单片机与 8 个 LED 电路连接

4. 程序设计

根据任务要求,可以画出程序的流程图,如图 7-10 所示。

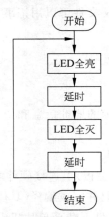

图 7-10 8 个 LED 闪烁流程

```
//程序:ex7.2.c
//功能:8 个 LED 灯闪烁
#include<reg52.h>
void delayms(unsigned int n);
void main()
{
    while(1)                         //无限循环
    {
        P0 = 0x00;                   //8 个灯全亮
        delayms(1000);
        P0 = 0xff;                   //8 个灯全灭
        delayms(1000);
    }
}
void delayms(unsigned int n)         //延时 n ms 子函数
{
    int i,j;
    for(i = 0;i < n;i++)
        for(j = 0;j < 120;j++);      //延时约 1ms
}
```

本任务要求发光二极管交替闪烁,即 8 只灯状态从 00000000B 和 11111111B 之间交替转换,时间间隔由 delayms()函数软件编程实现,流程如图 7-10 所示。

1)"0x"前缀

C51 程序中,"0x"是十六进制数的前缀,程序中的 0xff 写成二进制数是 11111111,将其赋值给 P0 口,相当于给 P0 口包含的 8 条 I/O 口线都置 1,即同时熄灭 8 个 LED。0x00 写成二进制数是 00000000,将其赋值给 P0 口,相当于给 P0 口包含的 8 条 I/O 口线都置 0,即同时点亮 8 个 LED。

2)延时函数 delayms()

延时就是让单片机等待一定的时间,通常有两种方法。一种是让单片机重复执行某些指令,达到延时的目的,这种方法又称为软件延时,程序比较简单但往往存在误差,常用于对精度要求不高的场合。另一种是利用单片机内部的定时器/计数器,这种方法延时精度高,可以释放 CPU,提高 CPU 的工作效率,但编程相对复杂。在本任务中,采用的是第一种方法。

通常,用 for 循环 120 次,即"for(j=0;j<120;j++);"时间大约为 1ms。如果要想实现更长的循环,可以在外层再套一个 for 循环,设置循环次数 n,就可实现 n ms 的延时,代码如下:

```
void delayms(unsigned int n)              //延时 n ms 子函数
{
    int i,j;
    for(i = 0;i < n;i++)                  //循环 n 次
        for(j = 0;j < 120;j++);           //延时 1ms
}
```

除了 for 循环外,也常用 while 循环进行延时,如延时 100μs 可用如下代码。

```
void delay100us()
{
    unsigned char i;
    i = 50;
    while (i > 0);
    {
        i--;                              //延时约 i×2μs
    }
}
```

上述两种方法为常用的延迟写法,延迟精度不高,更为精确的软件延迟可以通过软件生成相关代码,其精度要更高一点,具体方法如下。

打开 STC-ISP 软件,如图 7-11 所示。在右侧找到延时计算器,设置好系统频率(本书常用的是 12MHz)、定时长度和指令集(STC89C52 单片机对应的是 STC-Y1),单击下方生成 C 代码,就可以生成相对精确的延时函数了。例如,生成的 1ms 延时函数代码如下:

```
void Delay1ms()                           //@12.000MHz
{
    unsigned char i, j;
    i = 2;
    j = 239;
    do
    {
        while (--j);
    } while (--i);
}
```

注意:无论是 for 循环还是 while 循环,都存在误差,而且延时时间越长,误差越大。另外,延时与晶振的频率也是有关系的。在本书中,晶振如不作特殊说明,默认为 12MHz。

5. 任务实施

(1) 用 Proteus 软件绘制电路图。

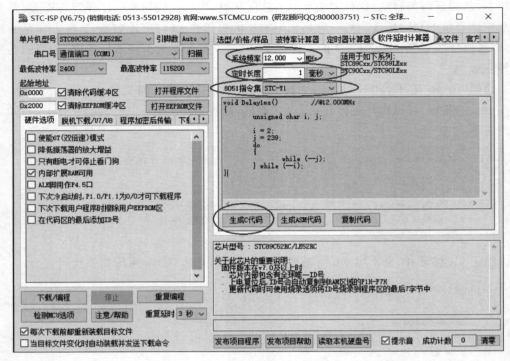

图 7-11 利用软件生成延时代码

(2) 根据电路图在实验箱(或开发板)上连接硬件电路。
(3) 在 Keil C51 软件中编写代码并完成编译。
(4) 将编译成功生成的 HEX 文件下载至单片机中,观察运行结果。
(5) 修改延时函数的参数值,用于调节 LED 闪烁周期。

7.2.3 任务:控制 LED 流水灯

动画:单片机控制 LED 向右流动

1. 任务要求

用单片机控制 8 个发光二极管,先点亮最左边一个,然后每隔 1s 向右移动一位,移到最右边后,再回到最左边,形成流水灯的效果。

动画:单片机控制 LED 向左流动

2. 任务分析

本任务中换一个接口,用单片机 P1 口来控制 8 个发光二极管。要想实现流动的效果,则需了解灯的状态,对 P1.7~P1.0 这 8 个端口,要想只让最左边亮,则其对应的电平为 01111111,对应的十六进制为 0x7F,向右移动一位后,则变成 10111111,所以 8 个灯的状态见表 7-1。

表 7-1 流水灯的流动状态

次序	P1.7	P1.6	P1.5	P1.4	P1.3	P1.2	P1.1	P1.0
1	0	1	1	1	1	1	1	1
2	1	0	1	1	1	1	1	1
3	1	1	0	1	1	1	1	1

续表

次序	P1.7	P1.6	P1.5	P1.4	P1.3	P1.2	P1.1	P1.0
4	1	1	1	0	1	1	1	1
5	1	1	1	1	0	1	1	1
6	1	1	1	1	1	0	1	1
7	1	1	1	1	1	1	0	1
8	1	1	1	1	1	1	1	0

那么，点亮第一个灯后，如何实现流动的效果呢？可以通过C语言的移位指令>>来实现右移。但要注意，用P1>>1指令右移一次后，最左侧会自动补0，所以01111111状态右移一次后将变为00111111，这个时候将会有两个灯亮，不符合要求，所以右移后要将最左边的0调整为1，可通过将P1与0x80进行或运算，完整的指令为"P1=(P1>>1)|0x80;"。

单片机控制
LED流水灯

3. 硬件电路设计

流水灯的硬件电路设计如图7-12所示，因为本例中用的是P1口，上例用的是P0口，所以在电路图上有所区别。

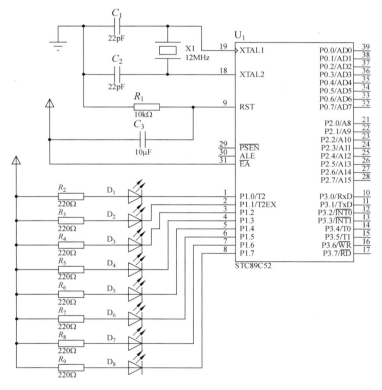

图7-12　流水灯的硬件电路设计

4. 程序设计

根据任务要求，绘制出的流程如图7-13所示。

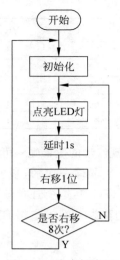

图 7-13 流水灯流程

```
//程序:ex7.3.c
//功能:8 个 LED 灯流动
#include<reg52.h>                    //51 头文件
void delayms(unsigned int n);        //延时子函数
void main()
{
    unsigned char i;
    while(1)                          //无限循环
    {
        P1 = 0x7f;                    //点亮最左边的 LED 灯
        delayms(1000);
        for(i = 1;i < 8;i++)
        {
            P1 = (P1 >> 1)|0x80;      //右移 1 位,并将最高位置 1
            delayms(1000);
        }
    }
}
void delayms(unsigned int n)
{
    unsigned int i,j;
    for(i = 0;i < n;i++)
        for(j = 0;j < 120;j++);       //延时约 1ms
}
```

在本任务中,右移 7 次后再回到原始位置,如何右移 7 次,可以通过 for 循环来实现。利用计数变量 i,for(i=1;i<8;i++)循环 7 次,然后到达最右边,这时一轮右移结束,再在 while 循环中,又重新从最左边点亮,新一轮右移开始。本任务中延迟 1s 与 7.2.2 小节的任务的方法相同,仍是用 for 循环来实现的。

5. 任务实施

（1）用 Proteus 软件绘制电路图。
（2）根据电路图在实验箱（或开发板）上连接硬件电路。
（3）在 Keil C51 软件中编写代码并完成编译。
（4）将编译成功生成的 HEX 文件下载至单片机中，观察运行结果。
（5）修改延时函数的参数值，用于调节 LED 流动速度。
（6）思考如何将右移改为左移。

7.2.4 工程实践任务：花样霓虹灯

1. 任务要求

生活中很多门店都会放花样霓虹灯用于招揽顾客，花样霓虹灯有多种显示方式，呈现多姿多彩的变化图案。要求单片机通过并行 I/O 口控制 8 个 LED 按照单灯左移流动、单灯右移流动、双灯从两端向中间流动、双灯从中间向两边流动等多种效果，并能不断轮流重复各个显示效果。

2. 任务分析

8 个 LED 的各种显示效果，也就是花样霓虹灯的不同显示功能，可以将各种显示效果定义各种相应的显示函数，C51 的编译器提供的内部函数库头文件 intrins.h 中包含移位操作函数，例如函数_crol_()是循环左移、函数_cror_()是循环右移。可自定义左移函数为 move_l()、右移函数为 move_r()、从两端向中间流动函数为 move_to_m()、从中间向两端流动函数为 move_from_m()，在单片机控制程序的主函数 main()中调用这些显示函数，就可以实现花样霓虹灯控制。

3. 主函数程序流程设计

花样霓虹灯的主函数程序流程如图 7-14 所示。

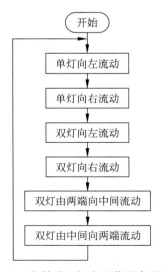

图 7-14 花样霓虹灯主函数程序流程图

4. 程序设计

```c
//程序:ex7.4.c
//功能:花样霓虹灯控制程序
#include <reg52.h>
#include <intrins.h>
//延时函数
void delay(unsigned int i)
{
    while(i--);                    //延时约 i×2μs
}
//左移函数
void move_l(unsigned char p)
{
    unsigned char i;
    P0 = p;
    for(i=0;i<8;i++)
    {
        delay(20000);
        P0 = _crol_(P0,1);         //左移 1 位
    }
}
//右移函数
void move_r(unsigned char p)
{
    unsigned char i;
    P0 = p;
    for(i=0;i<8;i++)
    {
        delay(20000);
        P0 = _cror_(P0,1);         //右移 1 位
    }
}
//两边向中间移函数
void move_to_m(unsigned char p)
{
    unsigned char i;
    for(i=0;i<4;i++)
    {
        P0 = ((p<<i)&0x0f)|((p>>i)&0xf0);
        delay(20000);
    }
}
//中间往两边移函数
void move_from_m(unsigned char p)
{
    unsigned char i;
    for(i=0;i<4;i++)
    {
        P0 = ((p&0xf0)<<i)|((p&0x0f)<<i);
        delay(20000);
```

```
        }
    }
//主函数
void main()
{
    while(1)
    {
        move_l(0xfe);                //单灯左移
        move_r(0x7f);                //单灯右移
        move_l(0xfc);                //双灯左移
        move_r(0x3f);                //双灯右移
        move_to_m(0x7e);             //双灯两边往中间
        move_from_m(0xe7);           //双灯中间往两边
    }
}
```

本任务通过主函数 main() 中调用左移函数为 move_l()、右移函数为 move_r()、从两端向中间流动函数为 move_to_m()、从中间向两端流动函数为 move_from_m() 函数,并根据单灯、双灯的不同要求给这些函数赋予不同的实际参数值,即可实现花样霓虹灯效果。

在本任务中,除了用到常用的 reg52.h 头文件,还用到了 intrins.h 头文件,该头文件包括_crol_()左移函数和_cror_()右移函数。_crol_()左移函数的原型如下:

unsigned char _crol_(unsigned char val,unsigned char n);

该函数包含两个 unsigned char 型参数,其功能是以位形式将 val 左移 n 位。_cror_() 右移函数的功能也类似,不再重复介绍。

intrins.h 头文件中常用函数还包含了其他功能,见表 7-2。

表 7-2 intrins.h 头文件中常用函数及功能

函 数	功 能
crol	将字符数据按照二进制循环左移 n 位
irol	将整型数据按照二进制循环左移 n 位
lrol	将长整型数据按照二进制循环左移 n 位
cror	将字符数据按照二进制循环右移 n 位
iror	将整型数据按照二进制循环右移 n 位
lror	将长整型数据按照二进制循环右移 n 位
nop	使单片机程序产生延时
testbit	对字节中的一位进行测试

5. 任务实施

(1) 用 Proteus 软件绘制电路图。
(2) 根据电路图在实验箱(或开发板)上连接硬件电路。
(3) 在 Keil C51 软件中编写代码并完成编译。
(4) 将编译成功生成的 HEX 文件下载至单片机中,观察运行结果。
(5) 在主函数中改变参数,观察效果。

7.2.5 任务：用定时器实现 8 个 LED 定时交替闪烁

1. 任务要求

动画：用定时器实现 8 个 LED 定时交替闪烁

要求单片机通过并行 I/O 口控制 8 个 LED 交替闪烁，间隔为 0.25s，用定时器实现时间控制。

2. 任务分析

8 个 LED 的闪烁时间是固定的，即 8 只灯状态在 00001111 和 11110000 之间交替转换，间隔 0.25s。如果采用软件延时，需要把延时函数汇编成汇编语言，再执行指令条数累加，计算延时时间。这里采用定时器/计数器来完成 0.25s 定时，硬件定时无论是方便程度还是精确程度都高于软件延时。本任务采用查询和中断两种方法实现。

用定时器实现 8 个 LED 定时交替闪烁

3. 硬件电路设计

选取 P0 作为 8 个 LED 的控制接口，其硬件电路设计参照图 7-9。

4. 程序设计

```
//程序:ex7.5.c
//功能:8 个 LED 定时交替闪烁控制程序(查询法)
#include <reg52.h>                    //通用头文件
#define LED P0                        //定义 LED 接至 P0 口
#define count 50000                   //T0(Mode 1)之计量值,约 0.05s
#define TH_M1 (65536-count)/256       //T0(Mode 1)计量高 8 位
#define TL_M1 (65536-count)%256       //T0(Mode 1)计量低 8 位
void main()                           //主程序开始
{
    int i;                            //计数变量
    TMOD = 0x01;                      //设定 T0 为 Mode 1
    LED = 0xf0;                       //LED 初值 = 11110000
    while(1)                          //无穷循环
    {
        for (i=0;i<5;i++)             //for 循环,计时中断 5 次
        {
            TH0 = TH_M1;              //设置高 8 位
            TL0 = TL_M1;              //设置低 8 位
            TR0 = 1;                  //启动 T0
            while(TF0 == 0);          //等待溢位(TF0 == 1)
            TF0 = 0;                  //溢位后,清除 TF0,关闭 T0
        }                             //for 循环计时结束
        LED = ~LED;                   //输出反相
    }
}

//程序:ex7.6.c
//功能:8 个 LED 定时交替闪烁控制程序(中断法)
#include <reg52.h>                    //通用头文件
#define LED P0                        //定义 LED 接至 P0 口
#define count 50000                   //T0(Mode 1)之计量值,约 0.05s
#define TH_M1 (65536-count)/256       //T0(Mode 1)计量高 8 位
#define TL_M1 (65536-count)%256       //T0(Mode 1)计量低 8 位
```

```
    int IntCount = 0;                //定义 IntCount 变量,计算 T0 中断次数
    void main()                      //主程序开始
    {
        IE = 0x82;                   //启用 T0 中断
        TMOD = 0x01;                 //设定 T0 为 Mode 1
        TH0 = TH_M1; TL0 = TL_M1;    //设置 T0 计数量高 8 位元、低 8 位
        TR0 = 1;                     //启动 T0
        LED = 0xf0;                  //LED 初值 = 11110000
        while(1);                    //无穷循环,程序等待
    }                                //主程序结束
    // == T0 中断子程序 - 每中断 5 次,LED 反相 ================
    void timer0(void) interrupt 1    //T0 中断子程序开始
    {
        TH0 = TH_M1; TL0 = TL_M1;    //设置 T0 计数量高 8 位、低 8 位
        if (++IntCount == 5)         //若 T0 已中断 5 次数
        {
            IntCount = 0;            //重新计次
            LED = ~LED;              //输出相反
        }                            //if 叙述结束
    }                                //T0 中断子程序
```

本任务要求发光二极管交替闪烁,即 8 只灯的状态在 00001111B 和 11110000B 之间交替转换。间隔 0.25s,即用定时器计时到 0.25s 后,LED 状态反相一次,然后重新开始计时。利用定时器计时的方法有两种。第一种方法是查询法,即主程序不停地查询定时器定时标识 TF0(假设选用 T0 定时器,如果选用 T1,则为 TF1),定时器计时时间未满时,TF0=0,一旦计时时间到达时,TF0=1。因此,一旦查询到 TF0=1,则可判断定时时间已到,流程如图 7-15 所示。第二种方法是中断法,该方法是利用定时器定时时间到时产生中断,进入中断程序,将 LED 灯的状态反相,流程如图 7-16 所示。

1) 预编译指令♯define 的用法及作用

♯define 指令格式如下:

♯define 标识符 常量   //注意,最后没有分号

♯define 又称宏定义,标识符为所定义的宏名,简称宏。标识符的命名规则与变量的命名规则是一样的。

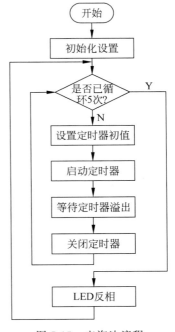

图 7-15 查询法流程

♯define 的功能是将标识符定义为其后的常量,一经定义,程序中就可以直接用标识符来表示这个常量,宏所表示的常量可以是数字、字符、字符串、表达式,其中最常用的是数字。

宏定义的优点有两个,第一个是方便和易于维护,当要修改某个常量的值时,只需修改宏定义一处即可。若不使用宏定义,则需要对代码中每处的值都进行修改,容易遗漏。第二个是很多常量本身是数值,看不出其要表达的含义,用了宏定义后,可以定义与含义相关的名称,通过该名称可以直观地看出其要表示的含义。

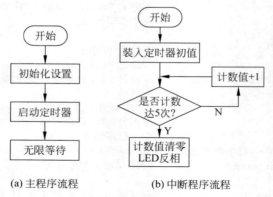

(a) 主程序流程　　(b) 中断程序流程

图 7-16　中断法流程

对宏定义而言,预编译的时候会将程序中所有出现"标识符"的地方全部用这个"常量"替换,称为"宏替换"或"宏展开",替换之后再进行正式的编译。

2) 定时器/计数器编程

51 单片机内部共有两个 16 位可编程的定时器/计数器:即定时器 T0 和定时器 T1,52 单片机内部多一个 T2 定时器/计数器。它们既有定时功能又有计数功能,通过设置与它们相关的特殊功能寄存器可以选择启用定时功能或计数功能。需要注意的是,这个定时器系统是单片机内部一个独立的硬件部分,它与 CPU 和晶振通过内部某些控制线连接并相互作用,CPU 一旦设置开启定时功能后,定时器便在晶振的作用下自动开始计时,当定时器的计数器计满后,会产生中断,即通知 CPU 该如何处理。结合生活中烧开水的例子,也就是说,当你点火时,注定不久就会响起水开的警报。这时你必然需要对该警报做出处理,烧开水是独立运行的一件事,但需要通过你点火或者听到警报声来处理它。

定时器/计数器的实质是加 1 计数器(16 位),由高 8 位和低 8 位两个寄存器组成 TMOD 是定时器/计数器的工作方式寄存器,确定工作方式和功能 TCON 是控制寄存器,控制 T0/T1 的启动和停止及设置溢出标志,其结构图如图 7-17 所示。

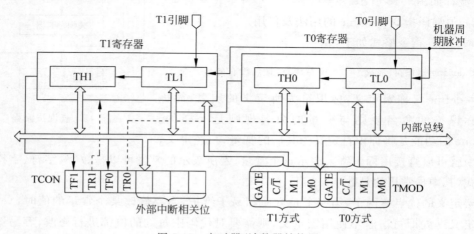

图 7-17　定时器/计数器结构图

加 1 计数器输入的计数脉冲有两个来源：一个是由系统的时钟振荡器输出脉冲经 12 分频后送来，另一个是 T0/T1 引脚输入的外部脉冲源。每来一个脉冲计数器加 1，当加到计数器为 1 时，再输入一个脉冲就使计数器回零，且计数器的溢出使 TCON 寄存器中 TF0 或 TF1 置 1，向 CPU 发出中断请求(定时器/计数器中断允许时)。如果定时器/计数器工作于定时模式，则表示定时时间已到；如果工作于计数模式，则表示计数值已满。由此可见，由溢出时计数器的值减去计数初值才是加 1 计数器的计数值。

设置为定时器模式时，加 1 计数器是对内部机器周期计数(1 个机器周期等于 12 个振荡周期，即计数频率为晶振频率的 1/12)。计数值 N 乘以机器周期 T，就是定时时间 t。

设置为计数器模式时，外部事件计数脉冲由 T0 或 T1 引脚输入计数器。在每个机器周期的 S5P20 期间采样 T0 或 T1 引脚电平，当某周期采样到 1 个高电平输入，而下一周期又采样到 1 个低电平时，则计数器加 1。更新的计数值在下一机器周期的 S3PL 期间装入计数器。由于检测 1 个从 1～0 的下降沿需要 2 个机器周期，因此要求被采样的电平至少要维持 1 个机器周期。当晶振频率为 12MHz 时，即计数脉冲的周期要大于 $2\mu s$。

MCS-51 单片机的定时器/计数器是可编程的，具体步骤如下：

(1) 确定定时器/计数功能、工作方式等，对 TMOD 赋值。

(2) 计算并设置计数器初值。计数功能中，已知计数个数为 COUNT，$T_{初值}$＝$M-$COUNT；定时功能中，已经定时时间为 $t_{定时}$，$T_{初值}$＝$M-t_{定时}/T$。直接将初值写入寄存器的 TH0、TL0 或 TH1、TL1。M 为最大计数值，T 为计数周期，是单片机的机器周期。

(3) 启动定时器/计数器，将 TCON 寄存器中的 TR0 或 TR1 置 1，定时器/计数器按规定的工作模式和初值进行计数或开始定时。

(4) 计数溢出处理(查询或中断两种方式)，查询溢出标志 TFx 的状态，决定是否停止定时器/计数器。

5．任务实施

(1) 用 Proteus 软件绘制电路图。

(2) 根据电路图在实验箱(或开发板)上连接硬件电路。

(3) 在 Keil C51 软件中编写代码并完成编译。

(4) 将编译成功生成的 HEX 文件下载至单片机中，观察运行结果。

(5) 比较查询法和中断法两种方法的区别。

本 章 小 结

本章通过 5 个任务来介绍单片机控制 LED 的方法，本章涉及的内容较多，有 LED 的原理、硬件电路、软件设计、系统调试运行等。通过本章的学习，可以掌握各种 LED 电路的控制方法，对理解单片机在实际应用中的设计方法有重要的作用，可以为后续学习打下很好的基础。

习 题

1. 请查阅资料，深入了解 LED 的发光原理，以及各种色彩的 LED 光是怎么形成的。

2. 本章任务均以共阳极 LED 为例说明，如果换成共阴极，那么电路图和代码应该怎么修改？

3. 在 7.2.3 小节的程序中，代码"P1=(P1>>1)|0x80;"的作用是什么？为什么要添加"|0x80"？如果没有会产生什么样的结果？

实践作业 7

班级		学号		姓名	
任务要求	控制 8 个 LED 循环左移,绘制硬件原理图、流程图,编写 C 语言代码,并调试运行。				
实施过程					

第 8 章　控制数码管

学习目标
(1) 掌握数码管的工作原理。
(2) 掌握单片机控制数码管的硬件电路。
(3) 掌握数码管显示程序的编写方法。
(4) 掌握 Keil 软件、STC-ISP 软件的使用方法。
(5) 掌握电路的搭建和调试方法。

8.1　数码管基本原理

8.1.1　数码管类型

下面先来看几个数码管的图片，图 8-1 所示为单位数码管及其引脚分布，图 8-2 所示为两位数码管，图 8-3 所示为四位数码管，另外还有右下角不带点的数码管、"米"字数码管等。

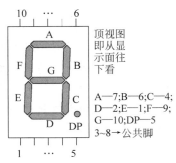

图 8-1　单位数码管及其引脚分布

图 8-2　两位数码管

图 8-3　四位数码管

8.1.2 数码管工作原理

数码管由 8 个发光二极管(以下简称字段)构成,通过不同的组合可用来显示数字 0~9,字符 A~F、H、L、P、R、U、Y,符号"—"及小数点".。数码管又分为共阴极和共阳极两种结构。常见 LED 显示器为 8 段(或 7 段,8 段比 7 段多了一个小数点 dp 段),有共阳极和共阴极两种,其结构如图 8-4 所示。

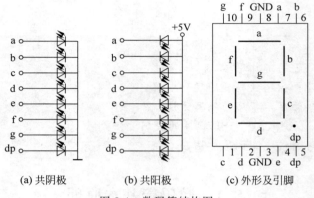

(a) 共阴极　　　(b) 共阳极　　　(c) 外形及引脚

图 8-4　数码管结构图

共阳极数码管的 8 个发光二极管的阳极(二极管正端)连接在一起,通常公共阳极(com)接高电平(一般接电源),其他管脚接某段驱动电路输出端。当某段驱动电路的输出端为低电平时,则该端所连接的字段导通并点亮,根据发光字段的不同组合可显示出各种数字或字符。此时,要求段驱动电路能吸收额定的段导通电流,还需根据外接电源及额定段导通电流来确定相应的限流电阻。

共阴极数码管的 8 个发光二极管的阴极(二极管负端)连接在一起,通常公共阴极(com)接低电平(一般接地),其他管脚接某段驱动电路输出端。当某段驱动电路的输出端为高电平时,则该端所连接的字段导通并点亮,根据发光字段的不同组合可显示出各种数字或字符。此时,要求段驱动电路能提供额定的段导通电流,还需根据外接电源及额定段导通电流来确定相应的限流电阻。

8.1.3 数码管字形编码

使用数码管显示出相应的数字或字符,必须使段数据口输出相应的字形编码。字形编码各位定义为:使用共阳极数码管,数据为 0 表示对应字段亮,数据为 1 表示对应字段暗,com 端接+5V;如使用共阴极数码管,数据为 0 表示对应字段暗,数据为 1 表示对应字段亮,com 端接 GND。如要显示 0,共阳极数码管的 dp~a 端编码为 11000000B(即 C0H),共阴极数码管的 dp~a 端编码正好相反,应为 00111111(即 3FH)。其他数字或字符与此类似,因此可得七段数码管字形编码表(见表 8-1)。在程序设计过程中,查此表即可获取相应的字形编码。

表 8-1　七段数码管字形编码表

显示字符	共阳极	共阴极	显示字符	共阳极	共阴极
0	C0H	3FH	8	80H	7FH
1	F9H	06H	9	90H	6FH
2	A4H	5BH	A	88H	77H
3	B0H	4FH	B	83H	7CH
4	99H	66H	C	C6H	39H
5	92H	6DH	D	A1H	5EH
6	82H	7DH	E	86H	79H
7	F8H	07H	F	8EH	71H

8.2　数码管显示方式

数码管的显示分为静态显示和动态显示两种显示方式。

8.2.1　数码管静态显示

静态显示是指数码管显示某一字符时,相应的发光二极管恒定导通或恒定截止。这种显示方式的各位数码管相互独立,公共端恒定接地(共阴极)或接正电源(共阳极)。每个数码管的 8 个字段分别与一个 8 位 I/O 口地址相连,I/O 口只要有段码输出,相应字符就会显示出来,并保持不变,直到 I/O 口输出新的段码。

采用静态显示方式,较小的电流即可获得较高的亮度,且占用 CPU 时间少,编程简单,显示便于监测和控制,但 n 位 LED 静态显示需占用 $8 \times n$ 个 I/O 口线,限制了单片机 I/O 的使用,只适合于显示位数较少的场合。

图 8-5 中各位的公共端连接在一起(接地或+5V),每位的段码线(a～dp)分别与一个 8 位的锁存器输出相连,显示字符一确定,相应锁存器的段码输出将维持不变,直到送入另一个段码为止。显示的亮度高,该电路各位数码管可独立显示。

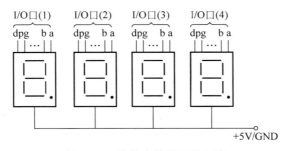

图 8-5　4 位静态数码显示电路

8.2.2　数码管动态显示

动态显示是一位一位地轮流点亮各位数码管,这种逐位点亮显示器的方式称为位扫描。通常,各位数码管的段选线相应并联在一起,由一个8位的I/O口控制,各位的位选线(公共阴极或阳极)由另外的I/O口线控制。

动态扫描显示过程如下:在某一时刻只选通一位数码管,并送出相应的段码,这是在选通过的数码管上显示指定字符,其他位的数码管处于熄灭状态;延时一段时间,下一时段按顺序选通另一位数码管,并送出相应的段码,依此规律循环,即可使各位数码管显示将要显示的字符。虽然这些字符是在不同的时刻分别显示,但由于人眼存在视觉暂留效应,只要每位显示间隔足够短就可以给人以同时显示的感觉。

图8-6所示的所有位的段码线相应段并在一起,由一个8位I/O口控制,形成段码线的多路复用。另外,各数码管的公共端分别由相应的I/O口控制,形成各数码管的分时位选通。图8-6为4位8段LED动态显示电路,共有4位数码管,其中段码线占用一个8位I/O口,而位选线占用一个4位I/O口。采用动态显示方式比较节省I/O口,硬件电路也较静态显示方式简单,但其亮度不如静态显示方式,而且在显示位数较多时,CPU要依次扫描,占用CPU较多的时间。

单片机控制单个数码管

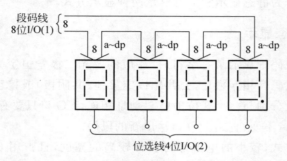

图8-6 4位动态数码显示电路

8.3 数码管应用实践

8.3.1 任务:单个数码管显示数字6

1. 任务要求

通过掌握单个数码管的显示原理,结合数码管的字形编码,实现单个数码管的静态显示功能。

2. 任务分析

单片机控制数码管,选择共阳数码管,将数码管的g~a脚经过排组接至单片机P2.6~P2.0口。

3. 硬件电路设计

根据任务控制要求,电路设计如图8-7所示。

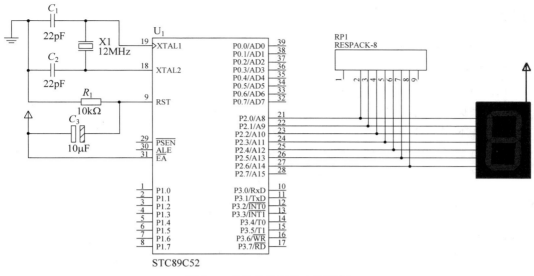

图 8-7　单片机控制单个数码管

4. 程序设计

```
//程序:ex8.1.c
//功能:单个共阳数码管显示"6"
#include<reg52.h>
unsigned char code SegCode[10] =
{0xc0,0xf9,0xa4,0xb0,0x99,0x92,0x82,0xf8,0x80,0x90};   //0~9 共阳字形码
void main()
{
    P2 = SegCode[6];                                   //查出段码值送给 P0 口
    while(1);                                          //无限循环
}
```

在本任务中,关键点有两个,一个是如何将段码表存入单片机中；另一个是如何查找所需要的段码送至 P1 口。对于 C 语言程序,0～9 字形码可用一数组 unsigned char code SegCode[10]来存放,数组类型为 unsigned char 型,前面加 code 表示数组是存放在 ROM 中。查段码值直接在数组中使用偏移量即可,即 SegCode[6]。

数组是关键数据的有序集合,数组中的每个元素都是统一类型的数据。数组集合用一个名字来标识。数组中元素的顺序用下标表示,下标表示该元素在数组中的位置。下标为 n 的元素可以表示为数组名[n]。改变[]中的下标就可以访问数组中任一元素,由具有一个下标的数组元素组成称为一维数组。

一维数组定义的一般形式如下:

　　类型说明符　数组名 [元素个数];

数组名是一个标识符,元素个数是一个常量表达式,不能是含有变量的表达式。例如:

　　int a[50];　　　　　　//定义一个数组名为 a 的数组,数组包含 50 个整型元素

在定义数组时可以对数组整体初始化,若定义后想对数组赋值,则只能对每个元素分

别赋值。例如:

```
int a[5] = {1,2,3,4,5};    //给全部元素赋值,a[0] = 1,a[1] = 2,a[2] = 3,a[3] = 4,a[4] = 5
```

5. 任务实施

(1) 用 Proteus 软件绘制电路图。
(2) 根据电路图在实验箱(或开发板)上连接硬件电路。
(3) 在 Keil C51 软件中编写代码并完成编译。
(4) 将编译成功生成的 HEX 文件下载至单片机中,观察运行结果。
(5) 修改参数,让数码管显示不同的值。

8.3.2 任务:单个数码管循环显示数字 0~9

1. 任务要求

通过掌握单个数码管的显示原理,结合数码管的字形编码,能够实现单个数码管的循环显示功能。

2. 任务分析

单片机控制数码管,选择共阳数码管,将数码管的 g~a 脚经过排组接至单片机 P2.6~P2.0 口。

3. 硬件电路设计

根据任务控制要求,电路设计如图 8-7 所示。

4. 程序设计

```c
//程序:ex8.2.c
//功能:单个数码管循环显示"0~9"
#include <reg52.h>
unsigned code DSY_CODE[] =
{0xc0,0xf9,0xa4,0xb0,0x99,0x92,0x82,0xf8,0x80,0x90};    //共阳
void delayms(unsigned int n)                             //延时 n ms 子函数
{
    int i,j;
    for(i = 0;i < n;i++)                                 //循环 n 次
        for(j = 0;j < 120;j++);                          //延时 1ms
}
void main()
{
    unsigned char i = 0;
    P2 = 0x00;
    while(1)                                             //无限循环
    {
        P2 = ~DSY_CODE[i];
        i = (i + 1) % 10;                                //依次显示 0~9
        delayms(200);
    }
}
```

动画:单片机控制单个数码管递增

在本任务中为实现循环显示,delayms()函数的延时时间要足够长,人眼才能看见字符的清晰切换。

5. 任务实施

(1) 用 Proteus 软件绘制电路图。
(2) 根据电路图在实验箱(或开发板)上连接硬件电路。
(3) 在 Keil C51 软件中编写代码并完成编译。
(4) 将编译成功生成的 HEX 文件下载至单片机中,观察运行结果。
(5) 调整代码,让数字从 9～0 递减。

动画:单片机控制单个数码管递减

8.3.3 任务:两位数码管动态显示 00～99

1. 任务要求

设计一个 00～99 的两位数,用单片机控制两个数码管动态显示。

2. 任务分析

单片机有 4 个并行 I/O 口 P0～P3,每个 I/O 口包括 8 条 I/O 口线。采用 P1 口作为数码管的段选端,P2.0 和 P2.1 作为数码管的位选端。从 00 开始显示,显示至 59 后,重新从 00 开始显示。

3. 硬件电路设计

硬件电路如图 8-8 所示。

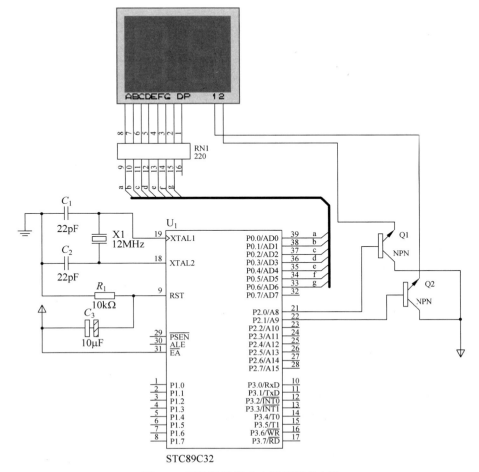

图 8-8 两位数码管动态显示硬件电路

4. 程序设计

```c
//程序:ex8.3.c
//功能:两位数码管动态显示
#include <reg52.h>                                    //51通用头文件
void delayms(unsigned int n);                         //延时子函数声明
void display(unsigned char count);                    //显示子函数声明
sbit PB0 = P2^0;                                      //定义个位阳极开关位
sbit PB1 = P2^1;                                      //定义十位阳极开关位
unsigned char code SegCode[16] =
{0xc0,0xf9,0xa4,0xb0,0x99,0x92,0x82,0xf8,0x80,0x90};  //字形码表
void main()                                           //主函数
{
    unsigned char count;                              //计数变量
    while(1)                                          //无限循环
    {
        for(count = 0;count < 99;count++)             //0~99循环
            display(count);                           //显示数值
    }
}
void display(unsigned char num)                       //显示子函数
{
    unsigned char seg[2];                             //储存十位和个位数组
    int j;                                            //定义计数变量
    seg[0] = num/10;                                  //获取十位值
    seg[1] = num%10;                                  //获取个位值
    for(j = 0;j < 50;j++)                             //轮流显示计数
    {
        PB1 = 0,PB0 = 1;                              //打开个位、关闭十位
        P1 = SegCode[seg[1]];                         //显示个位
        delayms(10);                                  //延时10ms
        PB0 = 0,PB1 = 1;                              //打开十位、关闭个位
        P1 = SegCode[seg[0]];                         //显示十位
        delayms(10);                                  //延时10ms
    }
}
void delayms(unsigned int n)                          //延时子函数
{
    unsigned int i,j;
    for(i = 0;i < n;i++)
        for(j = 0;j < 120;j++);                       //延时约1ms
}
```

1) 动态显示的实现

在实际应用中,两位数码管通常采用扫描法来控制其显示。如图8-8所示,两个管子的共阴极接至P1口,阳极端通过三极管接至P2.0和P2.1,如显示数字25,可让P2.0=0,P2.1=1,即打开左边管子,关闭右边管子;然后将2的段码送至P1口,这时左边管子会显示2,右边管子全灭,点亮一段时间(如10ms)后,再让P2.0=1,P2.1=0,即关闭左边管

子,打开右边管子;再将 5 的段码送至 P1 口,这时左边管子全灭,右边管子显示 5,点亮相同的时间(如 10ms)。这样左右轮流显示下去的方法就是扫描法,只要扫描的频率足够高(通常不低 50Hz),人的眼睛便感觉不出管子的闪烁,但如果频率太高,则会影响管子的亮度。两位数码管动态显示流程如图 8-9 所示。

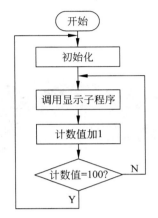

图 8-9 两位数码管动态显示流程

2) 1s 程序的实现

在 C 语言代码中,用 count 进行计数,用数组 seg[2]={count/10,count%10}来存放 count 的十位和个位,然后用代码"P1=SegCode[seg[1]];P1=SegCode[seg[0]];"将段码送至 P1 口。用 for 循环完成 50 次循环显示,达到 1s 显示时间。代码如下:

```
for(j=0;j<50;j++)              //轮流显示计数
{
    PB1=1,PB0=0;               //打开个位、关闭十位
    P1=SegCode[seg[1]];        //显示个位
    delayms(10);               //延时 10ms
    PB0=1,PB1=0;               //打开十位、关闭个位
    P1=SegCode[seg[0]];        //显示十位
    delayms(10);               //延时 10ms
}
```

5. 任务实施

(1) 用 Proteus 软件绘制电路图。
(2) 根据电路图在实验箱(或开发板)上连接硬件电路。
(3) 在 Keil C51 软件中编写代码并完成编译。
(4) 将编译成功生成的 HEX 文件下载至单片机中,观察运行结果。
(5) 修改参数,让数码管显示不同的范围。

8.3.4 任务:8 位数码管动态显示指定字符

1. 任务要求

用单片机控制 8 位数码管,实现稳定的显示日期"19491001"。

2. 任务分析

如果采用静态显示方式控制 8 位数码管,需要对单片机 I/O 口进行扩展,这将大大增加硬件电路的复杂性成本。因此这里采用动态显示电路的连接方式。将各位共阳极数码管相应的段选控制端并联在一起,仅用一个 P1 口控制,用 8 路同相三态缓冲器/线驱动器 74LS245 驱动;将各位数码管的公共端,由 P2 口控制,用 2 个 6 路反相驱动器 74LS04 驱动。

3. 硬件电路设计

硬件电路如图 8-10 所示。

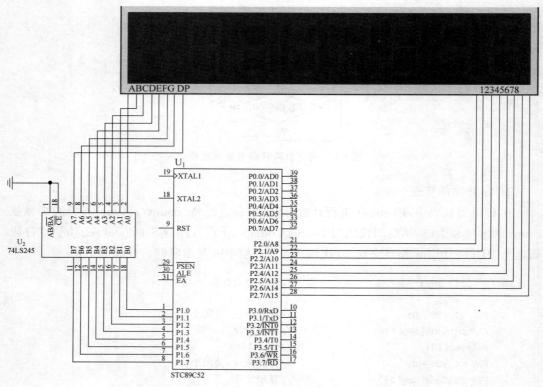

图 8-10　8 位数码管动态显示硬件电路

4. 程序设计

```c
//程序:ex8.4.c
//功能:8 位数码管动态显示指定字符
#include<reg52.h>
#include<intrins.h>
void time1ms()                  //1ms 定时
{
    TMOD = 0X01;
    TH0 = (65536 - 1000)/256;
    TL0 = (65536 - 1000) % 256;
    TR0 = 1;
    while(!TF0);
```

```
        TF0 = 0;
    }
    void disp_scan()                          //动态扫描函数
    {
        //设置"19491001"共阳字形码
        unsigned char led[ ] = {0xf9,0x90,0x99,0x90,0xf9,0xc0,0xc0,0xf9};
        unsigned char i,w;
        w = 0x01;                             //位选码初值为 00000001
        for(i = 0;i < 8;i++)
        {
            P2 = w;                           //位选码送入 P2 口
            w << = 1;                         //位选码左移一位,选中下一位数码管
            P1 = led[i];                      //显示字形码送入 P1 口
            time1ms();
            P1 = 0xff;                        //关显示,消除拖影
        }
    }
    void main()
    {
        while(1)
        {
            disp_scan();                      //反复调用数码管动态扫描显示函数,实现稳定显示
        }
    }
```

在此次程序设计中,通常把数码管扫描过程编成一个相对独立的函数。在程序需要延时或等待查询的地方调用这个函数,代替空操作延时,就可以保证扫描过程间隔时间不会太长。每显示 1 个字符后,为了消除拖影,需关闭显示。程序中对数据管扫描函数 disp_scan()无限次循环,所以可以得到稳定显示的效果。如果只调用 1 次数码管扫描函数,无法实现稳定显示。

1) 数码管动态显示如何消除拖影

拖影产生的原理是:在程序进行切换数码管显示时,旧数据(上一位数码管的段选数据)依然存在,就开启了新数码管的位选,导致旧数据在新数码管短暂出现,然后程序用新数据替换了旧数据。反复快速地进行此类操作,导致短时间内旧数据在新数码管的显示次数剧增,使光的亮度达到人眼可以轻微辨别的程度,于是出现拖影。从上面可以看出,合适的段选、位选开启过程是消除残影的重要因素。不同编程习惯有不同的过程方法,只要保证在新位选开启前数据已经更新即可。如关闭所有段选→数据 1→段选 1→时间→关闭所有段选→数据 2→段选 2→时间→关闭所有段选……

2) 74LS245 芯片

74LS245 是 8 路同相三态双向总线收发器,可双向传输数据,如图 8-11 所示。当 8051 单片机的 P0 口总线负载达到或超过 P0 口最大负载能力时,必须接入 74LS245 等总线驱动器。P0 口与 74LS245 输入端相连,E 端接地,保证数据线畅通。如果用 C51 的 P0 口输出到数码管,那就要考虑数码管的亮度及 P0 口带负载的能力,可选用 74LS245 提高驱动能力。P0 口的输出经过 74LS245 提高驱动后,输出到数码管显示电路。

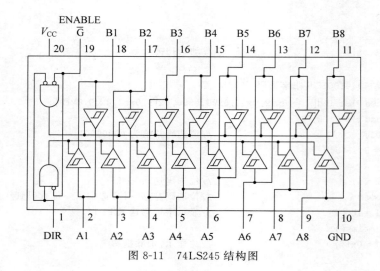

图 8-11　74LS245 结构图

当 DIR＝0 时,信号由 B 向 A 传输；(接收)DIR＝1,信号由 A 向 B 传输；(发送)当 CE 为高电平时,A、B 均为高阻态。

由于 P2 口始终输出地址的高 8 位,接口时 74LS245 的三态控制端 1G 和 2G 接地,P2 口与驱动器输入线对应相连。P0 口与 74LS245 输入端相连,E 端接地,保证数据线畅通。8051 的/RD 和/PSEN 相与后接 DIR,使得 RD 和 PSEN 有效时,74LS245 输入(P0.1←D1),其他时间处于输出(P0.1→D1)。74LS245 的 19 脚称为使能控制端,当该脚处于低电平时,74LS245 才传输数据,所以 19 脚与地线相接。

引脚端符号如下。

V_{CC}：电源输入引脚。8086 CPU 采用单一＋5V 电源供电。

GND：接地引脚。

A：A 总线端。

B：B 总线端。

DIR：方向控制端。

5. 任务实施

(1) 用 Proteus 软件绘制电路图。

(2) 根据电路图在实验箱(或开发板)上连接硬件电路。

(3) 在 Keil C51 软件中编写代码并完成编译。

(4) 将编译成功生成的 HEX 文件下载至单片机中,观察运行结果。

(5) 修改参数,让数码管显示当前日期。

8.3.5　工程实践任务：8 位数码管滚动显示字符

1. 任务要求

用单片机控制 8 位数码管,实现滚动显示日期 19491001。

2. 任务分析

在 8 个数码管上滚动显示 19491001 字样。显示过程如图 8-12 所示。

							1	第1屏
						1	9	第2屏
					1	9	4	第3屏
				1	9	4	9	第4屏
			1	9	4	9	1	第5屏
		1	9	4	9	1	0	第6屏
	1	9	4	9	1	0	0	第7屏
1	9	4	9	1	0	0	1	第8屏
9	4	9	1	0	0	1		第9屏
4	9	1	0	0	1			第10屏
9	1	0	0	1				第11屏
1	0	0	1					第12屏
0	0	1						第13屏
0	1							第14屏
1								第15屏
							1	第1屏

图 8-12 滚动显示过程

只要能依次显示出 15 屏不同的内容,就可以达到滚动显示的效果。但每屏数据之间都对应一定的排列顺序。显示的排列顺序如下:

*******19491001*******; *表示无显示

把以上 22 个数据对应的字形码按排列顺序存放在一个一维数组中,并设显示单元首地址为 0,那么第 1 屏显示字形编码的首地址就设置为 0,第 2 屏显示码的首地址设置为 1,第 3 屏显示码的首地址设置为 2,以此类推,可以得到第 n 屏显示码的首地址为 $n-1$。

3. 硬件电路设计

硬件电路如图 8-10 所示。

4. 程序设计

```c
//程序:ex8.5.c
//功能:8位数码管滚动显示字符
#include<reg52.h>
#include<intrins.h>
void time5ms()                          //5ms 定时函数
{
    TMOD = 0X01;
    TH0 = (65536 - 5000)/256;
    TL0 = (65536 - 5000)%256;
    TR0 = 1;
    while(!TF0);
    TF0 = 0;
}
void disp2()
{
    unsigned char ledmove[] =
    {0xff,0xff,0xff,0xff,0xff,0xff,0xff,0xf9,0x90,0x99,0x90,0xf9,0xc0,0xc0,0xf9,0xff,
0xff,0xff,0xff,0xff,0xff};            //设置滚动字符的字形码
    unsigned char com[] = {0x01,0x02,0x04,0x08,0x10,0x20,0x40,0x80};
    //设置位选码
```

```c
        unsigned char i,j,num;
        for(num = 0;num < 15;num++)        //显示 15 屏字符
        for(j = 0;j < 10;j++)              //循环显示一屏字符 10 次,达到延时显示的效果
        for(i = 0;i < 8;i++)
        {
            P2 = com[i];                   //位选码送到 P2 口
            P1 = ledmove[num + i];         //字形码送到 P1 口
            time5ms();
            P1 = 0xff;                     //关显示,消除拖影
        }
    }
    void main()
    {
        while(1)
        {
            disp2();                       //调用显示函数
        }
    }
```

用 P0 口、P2 口依次输出的数据建立 2 个一维数组,每一屏显示 8 个字符的次数为有限次,如循环显示一屏字符 10 次,达到延时显示一屏字符的效果;然后修改首地址,显示下一屏出字符。重复以上过程 15 次,向左滚动显示 8 个字符。

5. 任务实施

(1) 用 Proteus 软件绘制电路图。

(2) 根据电路图在实验箱(或开发板)上连接硬件电路。

(3) 在 Keil C51 软件中编写代码并完成编译。

(4) 将编译成功生成的 HEX 文件下载至单片机中,观察运行结果。

(5) 修改参数,让数码管显示不同的值。

本 章 小 结

本章通过 5 个任务来介绍单片机控制数码管的方法,单个数码管相对比较简单,多个数码管因为需要共用接口,所以采用动态扫描的方法,不容易理解,在学习时可以先从简单的开始,循序渐进,逐渐掌握复杂的程序编写方法。

习　题

1. 静态显示和动态显示的区别是什么?请查阅资料,深入了解视觉暂留效应。

2. 本章示例均以共阳极数码管为例说明,如果换成共阴极,那么电路图和代码应该怎么修改?

3. 多位数码管的位选线和段码线有什么区别?其作用分别是什么?单片机是如何控制的?

实践作业 8

班级		学号		姓名	
任务要求	用数码管显示当天日期,绘制硬件原理图、流程图,编写 C 语言代码,并调试运行。				
实施过程					

第 9 章　控制按键开关

学习目标
(1) 掌握按键开关的工作原理。
(2) 掌握单片机控制按键开关的硬件电路。
(3) 掌握按键开关程序的编写方法。
(4) 掌握 Keil 软件、STC-ISP 软件的使用方法。
(5) 掌握电路的搭建和调试方法。

9.1　按键基本原理

9.1.1　按键结构

在单片机外围电路中，通常用到的按键都是机械弹性开关。当开关闭合时，线路导通；当开关断开时，线路断开。图 9-1 所示为单片机系统几种常见的按键。

(a) 弹性按键　　　　　　(b) 贴片按键　　　　　　(c) 自锁式按键

图 9-1　单片机系统常见按键

弹性按键被按下时闭合，松开后自动断开。自锁式按键按下时闭合且会自动锁住，只有再次按下时才弹起断开，通常把自锁式按键当作开关使用。按键的结构非常简单，如图 9-2 所示。假如选择将 1、3 引脚接入电路中，2、4 引脚悬空，当按键被按下时，电流经 1 引脚，流过按键触点闭合处，再由 3 引脚流出，电路导通。当松开按键时，触点在弹力作用下自动抬起，电路断开。但是在电路原理图中，习惯上只标出按键的两个引脚，按键的电路符号如图 9-3 所示，按键的一端可以选择 1 或 4 引脚，另一端可以选择 2 或 3 引脚。

动画：按键结构

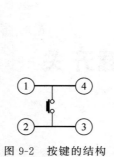
图 9-2 按键的结构

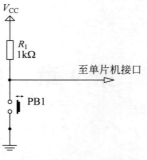
图 9-3 按键的电路符号

9.1.2 按键去抖动

弹性按键由于内部机械触点的弹性作用,在按下或松开时通常会有一段时间的机械抖动,过一小段时间后才能稳定。从图 9-4 可以看出,理想波形与实际波形之间是有区别的,实际波形在按下和松开的瞬间都有抖动现象。抖动时间的长短和按键的机械特性有关,一般为 5~10ms。通常我们手动按下按键后立即松开,这个动作中稳定闭合的时间超过 20ms。因此单片机在检测键盘是否按下时都要加上去抖动操作,有专用的去抖动电路,也有专用的去抖动芯片。但通常用软件延时的方法就能很容易解决抖动问题,而没有必要再添加多余的硬件电路。

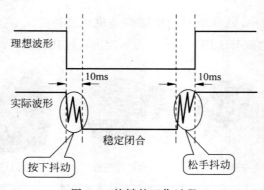
图 9-4 按键的工作过程

编写单片机的按键检测程序时,可以调用延时函数进行按键消抖。例如,判断按键是否按下时:当引脚第一次出现低电平后,调用 10ms 的延时函数,用于跳过按键抖动区域,在这段时间里触点上的信号从抖动变为平稳;第二次判断引脚是否为低电平,如果仍然为低,可以认为按键真正地被按下了。第二次读到的状态不是低电平,说明刚才的第一次低电平是抖动或者干扰造成的。按键检测流程如图 9-5 所示。

具体实现代码如下:

```
if(KEY1 == 0)            //第一次判断按键状态
{
    delayms(10);         //按键延时消抖
```

```
        if(KEY1 == 0)          //第二次次判断按键状态
        {
        }
    }
```

这种利用延时函数消抖的方式被称为软件消抖,该方法操作方便、原理简单,除此之外,还有硬件消抖,也就是利用硬件电路来消除抖动。这种方法的电路较为复杂,需要添加额外的电子器件,按键去抖动电路如图9-6所示。当按下按键后输出低电平,当按键较少时,可采用硬件消抖;当按键较多时,可采用软件消抖。

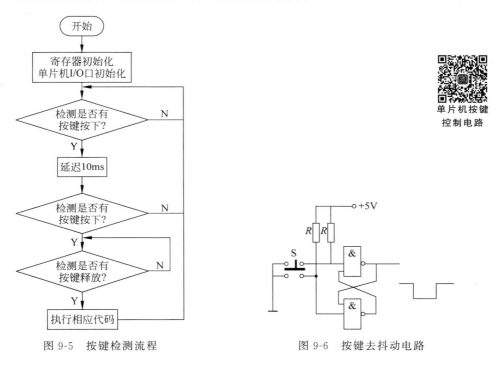

图 9-5 按键检测流程　　　　　图 9-6 按键去抖动电路

9.2 矩阵式键盘

9.2.1 矩阵式键盘结构

键盘分为编码键盘和非编码键盘,盘上闭合键的识别由专用的硬件编码器实现,产生的键编码号或键值称为编码键盘,如计算机键盘。靠软件编程来识别的键盘称为非编码键盘,在单片机组成的各种系统中用得较多的是非编码键盘,非编码键盘又分为独立键盘和矩阵式键盘。这里使用的是矩阵式键盘。矩阵式键盘又称为行列式键盘,I/O 口线分别为行线和列线,按键跨接在行线和列线上,组成一个键盘,16 键矩阵式键盘的实物图如图 9-7 所示,电路如图 9-8 所示,行线分别为 H1～H4,列线分别为 L1～L4,列线的交叉点共 16 个,行线、列线分别连接于 I/O 口,但程序设计复杂,适合按键较多的场合。例如16 键矩阵键盘,采用独立式按键需要占用 16 个单片机 I/O 口,而采用矩阵式键盘则只需要 8 个 I/O 口即可实现。I/O 口是单片机宝贵的资源,因此矩阵式键盘能有效提高单片机系统 I/O 口的利用率。

图 9-7　16 键矩阵式键盘的实物

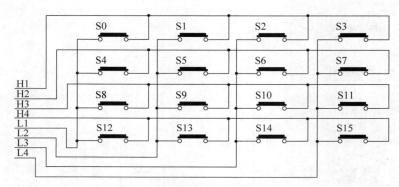

图 9-8　16 键矩阵式键盘电路

9.2.2　矩阵式键盘的工作原理

按键设置在行、列交叉点上,行、列分别连接到按键开关的两端,行线通过下拉电阻接到 GND 上,平时无按键动作时,行线处于低电平状态,而当有按键按下时,行线电平状态将由与此行线相连的列线电平决定,列线电平如果为低,则行线电平为高;列线电平如果为高,则行线电平则为低,这一点是识别矩阵式键盘是否被按下的关键。因此,各按键彼此将相互发生影响,所以必须将行、列线信号配合起来并做适当的处理,才能确定闭合键的位置。

1. 逐行扫描法

以图 9-8 所示的 S3 键被按下为例,来说明此键是如何被识别出来的。前已述及,键被按下时,与此键相连的行线电平将由与此键相连的列线电平决定,而行线电平在无键按下时处于高电平状态。如果让所有列线处于高电平,那么键按下与否不会引起行线电平的状态变化,始终是高电平,因此让所有列线处于高电平是无法识别出按键的。反过来,让所有列线处于低电平,很明显,按下的键所在行电平将也被置为低电平,根据此变化便能判定该行一定有键被按下。但还不能确定是这一行的哪个键被按下,所以为了进一步判定到底是哪一列的键被按下,可在某一时刻只让一条列线处于低电平,其余所有列线处于高电平。当第 1 列为低电平,其余各列为高电平时,因为是 S3 键被按下,所以第 1 行仍处于高电平状态;当第 2 列为低电平,其余各列为高电平时,同样会发现第 1 行仍处于高电平状态,直到让第 4 列为低电平,其余各列为高电平时。因为是 S3 键被按下,所以第 1 行的高电平转换到第 4 列所处的低电平,据此可确认第 1 行第 4 列交叉点处的按键即是 S3 键被按下。

根据上面的分析,很容易得出矩阵键盘按键的识别方法。此方法分两步进行:第一步,识别键盘有无键被按下;第二步,如果有键被按下,识别出具体的按键。识别键盘有无键被按下的方法是:让所有列线均为低电平,检查各行线电平是否有低电平,如果有,则说明有键被按下;如果没有,则说明无键被按下(实际编程时应考虑按键抖动的影响。通常总是采用软件延时的方法进行消抖处理),识别具体按键的方法是:逐列置零电平,并检查各行线电平的变化,如果某行电平由高电平变为低电平,则可确定此行此列交叉点处按键被按下。

2. 行列反转法

行列反转法的基本原理是通过给行、列端端口输出两次相反的值,然后分别读入行值和列值并进行求和或者按位或运算,从而得到每个按键的扫描码。首先,向所有的列线上输出低电平,行线输出高电平,然后读入行信号,如果 16 个按键中任意一个被按下,那么读入的行电平则不全为高;如果 16 个按键中无按键按下,则读入的行电平全为高,记录此时的行值。其次,向所有的列线输出高电平,行线输出低电平(行列反转),读入所有的列信号,并记录此时的列值,最后将行值和列值合成扫描码,通过查找扫描码的方法得到键值。

以图 9-8 所示矩阵式键盘为例,利用行列反转法识别矩阵式键盘的键值。首先,给 P1 口输出 0x0F,即 00001111,如果 S1 键被按下了,此时读入 P1 口的值为 00001110,再给 P1 口赋相反的值 0xF0,即 11110000,然后读入 P1 口的值,此时为 11010000,再将两次读入的 P1 口的值进行相加或按位或操作,这里按位或操作,可以得到 11011110,转换为十六进制数是 0xdef,这个值就是 S1 键的扫描码,同理可以得到其余 15 个按键的扫描码。这就是利用行列反转法得到的 16 个按键(十六进制)的扫描码,每个按键扫描编码都是唯一的,当键盘行列数较多时,行列反转法相对于逐行扫描法有更高的效率。

最后应当注意的是,所谓的反转扫描法,实际上是利用处理器的高速扫描与低速的按键操作所形成的"时间差",从按键按下开始到获取整个行值、列值,按键实际上还没有松开。对于 4×4 矩阵式键盘按键号的识别,逐行扫描法需要每一行进行扫描判断,而行列反转法只需要扫描 2 次就可以判断出键值,其效率更高,但程序相对复杂。

9.3 按键应用实例

9.3.1 任务:4 个独立按键状态的 LED 显示

1. 任务要求

采用单片机控制 4 个独立按键 K1~K4 实现按键状态显示功能,具体功能如下。

K1 按下时对应的 LED1 点亮,释放时 LED1 熄灭;K2 按下时对应的 LED2 点亮,释放时 LED2 熄灭;K3 按下并释放时对应的 LED3 点亮,再次按下 K3 并释放时 LED3 点熄灭;K4 按下并释放时对应的 LED4 点亮,再次按下 K4 并释放时对应的 LED4 熄灭。

2. 任务分析

4 个按键 K1~K4 的检测状态分为两种。K1 和 K2 键只需要检测按下和释放的两种状态,对应 LED 的点亮和熄灭;K3 和 K4 按下一次的过程是:按键按下,直到按键释放,才作为一次按键动作。

3. 硬件电路设计

根据任务控制要求,电路设计如图 9-9 所示。

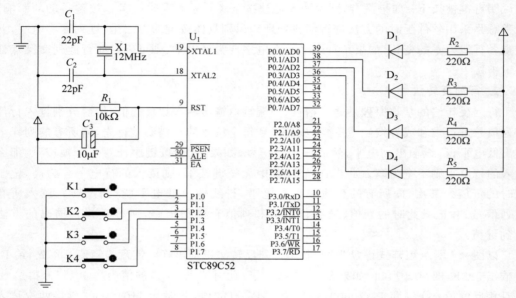

图 9-9　4 个独立按键状态的 LED 显示电路

4. 程序设计

```c
//程序:ex9.1.c
//功能:4 个独立按键状态 LED 显示
#include<reg52.h>
sbit LED1 = P0^0;
sbit LED2 = P0^1;
sbit LED3 = P0^2;
sbit LED4 = P0^3;
sbit K1 = P1^0;                     //定义 4 个按键连接 I/O 口
sbit K2 = P1^1;
sbit K3 = P1^2;
sbit K4 = P1^3;
void delayms(unsigned int n)        //延时 n ms 子函数
{
    int i,j;
    for(i = 0;i<n;i++)              //循环 n 次
        for(j = 0;j<120;j++);       //延时 1ms
```

```
}
void main()
{
    P0 = 0xff;
    P1 = 0xff;
    while(1)
    {
        LED1 = K1;
        LED2 = K2;
        if(K3 == 0)                        //第 1 次判断 K3 键按下
        {
            delayms(10);                   //延时去抖
            if(K3 == 0)                    //再次判断 K3 键
            {
                while(K3 == 0);            //判断 K3 是否释放
                delayms(10);               //延时去抖
                LED3 = ~LED3;
            }
        }
        if(K4 == 0)                        //第 1 次判断 K4 键按下
        {
            delayms(10);                   //延时去抖
            if(K4 == 0)                    //再次判断 K4 键
            {
                while(K4 == 0);            //判断 K4 是否释放
                delayms(10);               //延时去抖
                LED4 = ~LED4;
            }
        }
        delayms(10);
    }
}
```

单片机有 4 个并行 I/O 口 P0～P3,采用 P0 口控制 4 个 LED,P1 口控制 4 个独立按键,特别注意后面两个按键需要检测按键按下,然后等待按键释放。单片机控制 4 个按键实现按键状态的检测和释放的流程如图 9-10 所示。

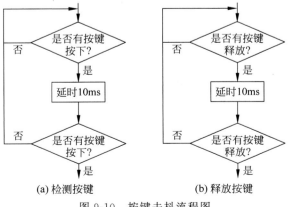

图 9-10　按键去抖流程图

5. 任务实施

（1）用 Proteus 软件绘制电路图。
（2）根据电路图在实验箱（或开发板）上连接硬件电路。
（3）在 Keil C51 软件中编写代码并完成编译。
（4）将编译成功生成的 HEX 文件下载至单片机中，观察运行结果。

9.3.2　任务：单个数码管显示独立按键次数

1. 任务要求

利用单个数码管的静态显示功能计数，计下按键的次数。

2. 任务分析

在单片机的控制作用下，通过外接 1 个独立按键来控制一位数码管进行按键次数的显示。按键每按下一次单片机累计计数并在数码管上显示相应次数的数字，当按键次数达到 9 次后，再次按下任意按键，数码管显示 0 重新开始计数。

3. 硬件电路设计

根据任务控制要求，电路设计如图 9-11 所示。

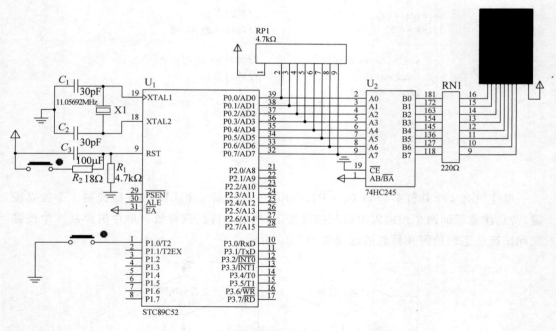

图 9-11　单个数码管显示独立按键次数电路

4. 程序设计

```
//程序:ex9.2.c
//功能:单个数码管显示独立按键次数
#include <reg52.h>
#define Key(P1 & 0x01)
```

```c
unsigned char code LED_CODE[ ] =
{0xF9,0xA4,0xB0,0x99,0x92,0x82,0xF8,0x80,0x90,0xC0};
void delayms(unsigned int n)                           //延时 n ms 子函数
{
    int i,j;
    for(i = 0;i < n;i++)                               //循环 n 次
        for(j = 0;j < 120;j++);                        //延时 1ms
}
void main()
{
    unsigned char i = 0;
    while(1)
    {
        if(Key)                                        //判断按键是否按下
        {
            while(Key);
            delayms(10);                               //按键去抖
            P0 = LED_CODE[i];
            i = (i + 1) % 10;
        }
        delayms(10);
    }
}
```

本程序通过开关的去抖方式,选择一个数码管记录单个按键的次数,单片机系统中经常采用 LED 数码管显示单片机工作状态以及运行结果等信息。

5. 任务实施

(1) 用 Proteus 软件绘制电路图。

(2) 根据电路图在实验箱(或开发板)上连接硬件电路。

(3) 在 Keil C51 软件中编写代码并完成编译。

(4) 将编译成功后生成的 HEX 文件下载至单片机中,观察运行结果。

9.3.3　任务:中断控制流水灯闪烁

1. 任务要求

用单片机控制 8 个 LED,K1 和 K2 键分别连接到 P3.2(外部中断 0)和 P3.3(外部中断 1)的引脚上。正常情况下 8 个 LED 依次顺序点亮,循环显示,时间间隔为 1s。按下 K1 键时,流水灯反方向流水 1 次,时间间隔为 0.2s;按下 K2 键后 8 个 LED 同时闪烁 3 次,时间间隔为 0.5s。要求:K1 键可以中断 K2 键。晶振频率为 12MHz。

2. 任务分析

8 位流水灯、LED 闪烁和交替亮灭时间可以采用定时器/计数器实现精确定时。两个按键实现外部中断源的中断申请。中断过程和中断编程是本例的关键。

3. 硬件电路设计

根据任务控制要求,电路设计如图 9-12 所示。

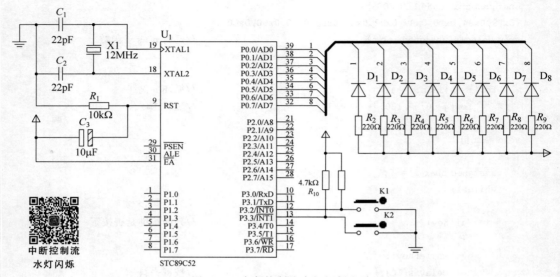

图 9-12 中断控制流水灯闪烁电路

4. 程序设计

```
//程序:ex9.3.c
//功能:中断控制流水灯闪烁
#include<reg52.h>
#include<intrins.h>
void time50ms(unsigned char i);
sbit K1 = P3^2;
sbit K2 = P3^3;
void main()
{
    TMOD = 0x01;
    EA = 1;
    EX0 = 1;
    IT0 = 1;
    PX1 = 1;
    EX1 = 1;
    IT1 = 0;
    P0 = 0XFE;
    while(1)
    {
        time50ms(20);
        P0 = _crol_(P0,1);
    }
}
void int_0() interrupt 0 using 1        //外部中断0的中断服务函数
{
    unsigned char i,j,k;
    j = P0;
    P0 = 0X7F;
    for(k = 0;k<3;k++)
```

```
        {
            for(i = 0;i < 8;i++)
            {
                time50ms(4);
                P0 = _cror_(P0,1);          //右移流水灯效果
            }
            P0 = j;                          //恢复现场
        }
        void int_1() interrupt 2 using 2    //外部中断1的中断服务函数
        {
            unsigned char i,j;
            j = P0;
            for(i = 0;i < 3;i++)             //3次循环闪烁
            {
                P0 = 0X00;
                time50ms(10);
                P0 = 0XFF;
                time50ms(10);
            }
            while(!K2);                      //等待K2释放,否则一直保持低电平,会重新中断
            P0 = j;                          //恢复现场
        }
        void time50ms(unsigned char i)       //定时子函数
        {
            unsigned char k;
            for(k = 0;k < i;k++)
            {
                TH0 = (65536 − 50000)/256;
                TL0 = (65536 − 50000)%256;
                TR0 = 1;
                while(!TF0);
                TF0 = 0;
            }
        }
```

程序中,除了主函数 main()完成左移流水灯的功能外,还有 2 个中断服务函数 int_0()和 int_1(),分别完成 CPU 响应外部中断申请 0(右移流水灯 1 次)和外部中断申请 1(8 个 LED 同时闪烁 3 次)时所要处理的内容。

外部中断 0 设置为下降沿触发,考虑到按键机械抖动问题,可以在中断服务函数中延时 10ms 左右,因为抖动也可以产生重复中断现象。而外部中断 1 设置为低电平触发,如果不及时撤除这个信号,很容易产生重复中断现象,所以在中断服务函数中,应该等待这个键释放,变成电平后,再中断返回。

进入中断服务函数后,需要先把 P1 的内容送到变量 j 中保护,称为保护现场。因为中断函数和主函数都使用了同一个寄存器 P1,为了避免在中断函数中破坏 P1 的内容,需要先保存起来,中断返回前再恢复现场。

5. 任务实施

(1) 用 Proteus 软件绘制电路图。

(2) 根据电路图在实验箱(或开发板)上连接硬件电路。
(3) 在 Keil C51 软件中编写代码并完成编译。
(4) 将编译成功后生成的 HEX 文件下载至单片机中,观察运行结果。

9.3.4 任务:数码管显示矩阵式键盘按键号

1. 任务要求

采用单片机控制 1 个数码管显示矩阵式键盘号 0~F。

2. 任务分析

为了节约单片机硬件接口资源,当系统需要按键数量较多时,一般采用矩阵式键盘接口方式。16 个按键采用 4×4 矩阵式键盘连接方式,通过行扫描的方式在共阳数码管上显示矩阵式键盘的按键号 0~F。

3. 电路设计

根据任务控制要求,电路设计如图 9-13 所示。

4. 程序设计

```
//程序:ex9.4.c
//功能:数码管显示矩阵式键盘按键号
#include<reg52.h>
#define uchar unsigned char
#define uint unsigned int
unsigned char table[]=
{0xc0,0xF9,0xA4,0xB0,0x99,0x92,0x82,0xF8,0x80,0x90,0x88,0x83,0xC6,0xA1,0x86,0x8E,
0xBF};                          //共阳数码管字形码
void delayms(unsigned int n)    //延时 n ms 子函数
{
    int i,j;
    for(i=0;i<n;i++)            //循环 n 次
        for(j=0;j<120;j++);     //延时 1ms
}
void display(uchar i)           //显示函数
{
    P1=0x7f;
    P0=table[i];
}
void keyscan(void)              //按键扫描函数
{
    uchar temp;
    P1=0xef;                    //扫描第 1 行
    temp=P1;
    temp&=0x0f;
    if(temp!=0x0f)
    {
        delayms(20);            //消抖
        P1=0xef;
        temp=P1;
        temp&=0x0f;
```

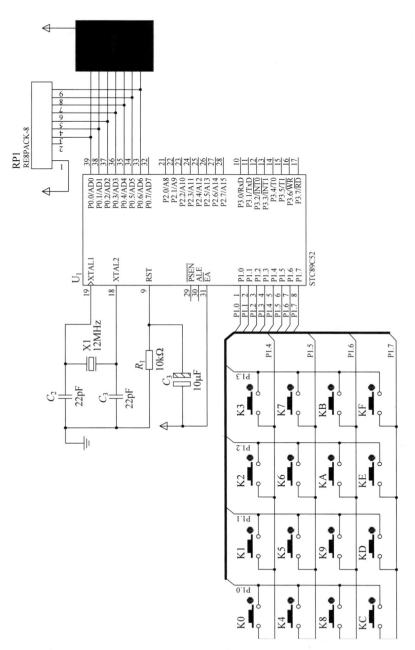

图 9-13　数码管显示矩阵式键盘按键号电路

```c
        if(temp!= 0x0f)
        {
            switch(temp)             //判断第 1 行键值并显示
            {
                case(0x0e):display(0);break;
                case(0x0d):display(1);break;
                case(0x0b):display(2);break;
                case(0x07):display(3);break;
            }
        }
    }
    P1 = 0xdf;                       //扫描第 2 行
    temp = P1;
    temp& = 0x0f;
    if(temp!= 0x0f)
    {
        delayms(20);
        P1 = 0xdf;
        temp = P1;
        temp& = 0x0f;
        if(temp!= 0x0f)
        {
            switch(temp)             //判断第 2 行键值并显示
            {
                case(0x0e):display(4);break;
                case(0x0d):display(5);break;
                case(0x0b):display(6);break;
                case(0x07):display(7);break;
            }
        }
    }
    P1 = 0xbf;                       //扫描第 3 行
    temp = P1;
    temp& = 0xf0;
    if(temp!= 0xf0)
    {
        delayms(20);
        P1 = 0xbf;
        temp = P1;
        temp& = 0x0f;
        if(temp!= 0x0f)
        {
            switch(temp)             //判断第 3 行键值并显示
            {
                case(0x0e):display(8);break;
                case(0x0d):display(9);break;
                case(0x0b):display(10);break;
                case(0x07):display(11);break;
            }
        }
    }
```

```
        P1 = 0x7f;                          //扫描第 4 行
        temp = P1;
        temp& = 0x0f;
        if(temp!= 0x0f)
        {
            delayms(20);
            P1 = 0x7f;
            temp = P1;
            temp& = 0x0f;
            if(temp!= 0x0f)
            {
                switch(temp)                //判断第 4 行键值并显示
                {
                    case(0x0e):display(12);break;
                    case(0x0d):display(13);break;
                    case(0x0b):display(14);break;
                    case(0x07):display(15);break;
                }
            }
        }
    }
    void main()                             //主函数
    {
        display(16);
        while(1)
        {
            keyscan();                      //按键扫描函数
        }
    }
```

数码管由 P0 口控制,开始运行时显示"—",当按下 4×4 键盘中的某一按键时,数码管上显示对应键号,实现按下 K0~KF 键时,在数码管上显示 0~F。例如,当按下 K1 键时,数码管显示"1";当按下 KE 键时,数码管显示"E"等。

5. 任务实施

(1) 用 Proteus 软件绘制电路图。

(2) 根据电路图在实验箱(或开发板)上连接硬件电路。

(3) 在 Keil C51 软件中编写代码并完成编译。

(4) 将编译成功后生成的 HEX 文件下载至单片机中,观察运行结果。

本 章 小 结

按键是单片机的重要外部输入信号源,按键的检测方式分为查询法与中断法,在任务设计中要注意两者的优缺点,注意代码编写的区别。对于多个按键,通常采用矩阵式键盘的形式,矩阵式键盘按键检测比较复杂,需要认真理解矩阵式键盘的结构及其扫描方法。

习 题

1. 查阅数字电路相关知识,分析图 9-5 按键去抖动电路的原理。
2. 试比较单个按键、矩阵式键盘与计算机键盘之间工作方式的区别。
3. 在按键检测中,比较用软件检测和用中断检测的区别。

实践作业 9

班级		学号		姓名	
任务要求	用单片机控制共阳七段数码管,用 2 个按键控制数码管变化方向,K1 键控制数码管从 0～9 循环递增,K2 键控制数码管从 9～0 循环递减。				
实施过程					

第 10 章 声音控制电路

学习目标
（1）掌握蜂鸣器的工作原理。
（2）掌握单片机控制蜂鸣器的硬件电路。
（3）掌握蜂鸣器发声程序的编写方法。
（4）掌握 Keil 软件、STC-ISP 软件的使用方法。
（5）掌握电路的搭建和调试方法。

10.1 蜂鸣器概述

蜂鸣器是一种一体化结构的电子发声器件，广泛应用于计算机、打印机、复印机、报警器、电子玩具、汽车电子设备、电话机、定时器等电子产品中。蜂鸣器的实物外形如图 10-1 所示。

(a) 有源蜂鸣器　　　(b) 无源蜂鸣器

图 10-1　蜂鸣器的实物外形

蜂鸣器按内部有无振荡源分为有源蜂鸣器和无源蜂鸣器。两种蜂鸣器看起来很像，但外形上略有区别。将蜂鸣器的引脚朝上放置，可以看到绿色电路板的是无源蜂鸣器，而用黑胶封闭底部的是有源蜂鸣器。有源蜂鸣器外形直径为 12mm，高度为 9mm，重量约为 1.7g；无源蜂鸣器外形直径为 12mm，高度为 8mm，比有缘蜂鸣器略低，重量约为 1.3g。图 10-2 所示为电磁式无源蜂鸣器内部结构图。

有源蜂鸣器内部有振荡源，只要一通电即会发出声音。无源蜂鸣器内部无振荡源，必须要用一定频率的方波去驱动，频率通常为 500Hz～4.5kHz，以电磁式无源蜂鸣器为例，其基本工作原理是：利用电磁感应现象，在输入端线圈中接入交变电流后形成电磁铁和永磁铁相吸或相斥而推动振动片发声；反之，如果接入直流电流则只能持续推动振动片而无法产生声音，只能在接通或断开的瞬间产生声音。有源蜂鸣器和无源蜂鸣器都可以

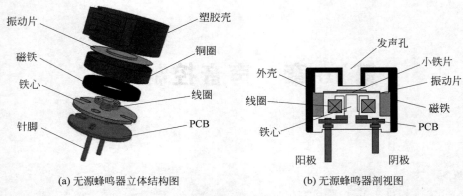

(a) 无源蜂鸣器立体结构图   (b) 无源蜂鸣器剖视图

图 10-2　电磁式无源蜂鸣器内部结构图

通过单片机驱动信号来发出不同音调的声音,驱动信号的频率越高,音调越高。本章选用的蜂鸣器为无源蜂鸣器。

10.2　蜂鸣器的应用

10.2.1　任务:蜂鸣器发声1

1. 任务要求

用单片机控制蜂鸣器发出连续的"嘟～～～～"的声音。

2. 任务分析

单片机 I/O 口不仅可以用来控制 LED 和数码管,还可以用来控制蜂鸣器发声。但驱动蜂鸣器发声需要较大的电流,单片机并行 I/O 引脚输出的电流较小,不足以驱动其发声,因此需要在蜂鸣器输入端增加一个放大电路,通常采用一个三极管即可,可选择 9013、9014、8050、8550 等型号的三极管。本实验中选用无源蜂鸣器,它需要一定频率的方波信号驱动才能发声,在本任务中,该方波信号由单片机的 P2.1 引脚作为输出端口产生,程序流程如图 10-3 所示。

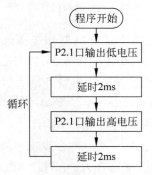

图 10-3　蜂鸣器发声程序流程

3. 硬件电路设计

单片机控制蜂鸣器发声电路如图 10-4 所示。

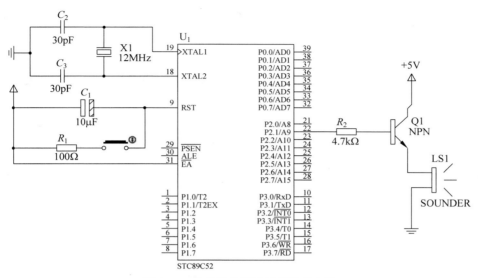

图 10-4　单片机控制蜂鸣器发声电路

电路中,蜂鸣器的正极接三极管的发射极,负极接地。当 P2.1 口为高电位(1)时,三极管基极为高电位,三极管截止;当 P2.1 口为低电位(0)时,三极管基极为低电位,三极管导通。通过编程使当 P2.1 口输出交变的高低电平(即方波信号)时,即可驱动蜂鸣器按照特定频率发出持续稳定的声音。

4. 程序分析

```
//程序:ex10.1.c
//功能:蜂鸣器发出连续的"嘟～～～～"的声音
#include <reg52.h>              //51单片机通用头文件
sbit buzzer = P2^1;             //定义 P2.1 引脚位名称为 buzzer
void delayms(unsigned int n)    //延时 n ms 子函数
{
    int i,j;
    for(i = 0;i < n;i++)        //循环 n 次
        for(j = 0;j < 120;j++); //延时 1ms
}
void main()                     //主函数
{
    while(1)                    //无限循环
    {
        buzzer = 0;             //蜂鸣器控制引脚产生低电平
        delayms(2);             //软件延时
        buzzer = 1;             //蜂鸣器控制引脚产生高电平
        delayms(2);             //软件延时
    }
}
```

程序中,首先定义一个名为 delayms() 的延时子函数,然后在主程序中编程控制蜂鸣器引脚交替置 1 和清 0,从而产生一定频率的方波信号。delayms() 函数的作用是控制输出方波信号的脉冲宽度,脉宽的大小决定了蜂鸣器声音的频率,脉宽越大,频率越低,声音越低沉;脉宽越小,频率越高,声音越尖锐。

5. 任务实施

(1) 用 Proteus 软件绘制电路图,并根据电路图在实验箱(或开发板)上连接硬件电路。

(2) 在 Keil C51 软件中编写代码并完成编译。

(3) 将编译成功后生成的 HEX 文件下载至单片机中,观察运行结果。

10.2.2 任务:蜂鸣器发声 2

1. 任务要求

用单片机控制蜂鸣器发出连续的"嘟·嘟·嘟·"的声音。

2. 任务分析

本任务中要求蜂鸣器在两声嘟声之间有一定的间歇,因此,在程序编写过程中要设置引脚输出一段时间内关闭蜂鸣器信号。程序流程如图 10-5 所示。

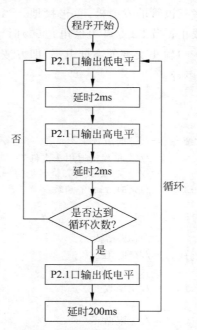

图 10-5 蜂鸣器间歇发声程序流程

3. 硬件电路设计

单片机控制蜂鸣器发声电路如图 10-4 所示。

4. 程序分析

```c
//程序:ex10.2.c
//功能:蜂鸣器发出连续的"嘟·嘟·嘟·"的声音
#include<reg52.h>              //包含头文件 reg52.h,定义了 52 单片机的所有 SFR
sbit buzzer = P2^1;            //定义 P2.1 引脚位名称为 buzzer
void delayms(unsigned int n)   //延时 n ms 子函数
{
    int i,j;
    for(i = 0;i<n;i++)         //循环 n 次
        for(j = 0;j<120;j++);  //延时 1ms
}
void main()                    //主函数
{
    int j;                     //驱动蜂鸣器的方波周期数
    while(1)
    {
        for(j = 0;j<100;j++)   //产生方波
        {
            buzzer = 0;        //蜂鸣器控制引脚产生低电平
            delayms(2);        //软件延时 2ms
            buzzer = 1;        //蜂鸣器控制引脚产生高电平
            delayms(2);        //软件延时 2ms
        }
        buzzer = 0;            //关闭蜂鸣器
        delayms(200);          //软件延时 200ms
    }
}
```

5. 任务实施

(1) 用 Proteus 软件绘制电路图。

(2) 根据电路图在实验箱(或开发板)上连接硬件电路。

(3) 在 Keil C51 软件中编写代码并完成编译。

(4) 将编译成功后生成的 HEX 文件下载至单片机中,观察运行结果。

10.2.3 任务:蜂鸣器变频报警

1. 任务要求

用单片机控制蜂鸣器报警,交替发出不同音调的"嘟··滴··嘟··滴··"的声音,两种音调的频率分别为 1kHz 和 2kHz,间隔为 1s。

2. 任务分析

1kHz 的方波信号周期为 1ms,高、低电平持续时间均为 0.5ms,当需要 1kHz 的方波信号持续 1s 时,需要 1000 个周期。2kHz 的方波信号周期为 0.5ms,高、低电平持续时间均为 0.25ms,当需要 2kHz 的方波信号持续 1s 时,则需要 2000 个周期。蜂鸣器变频报警波形如图 10-6 所示。程序流程如图 10-7 所示。

3. 硬件电路设计

蜂鸣器变频报警电路图和前一个任务的电路图一致(见图 10-4),此处不再重复给出。

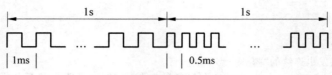

图 10-6　蜂鸣器变频报警波形

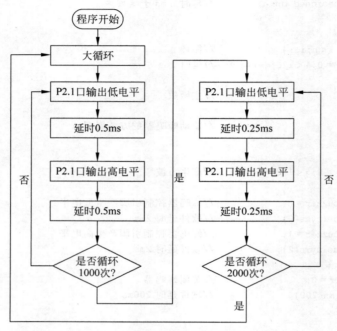

图 10-7　蜂鸣器变频报警程序流程

4. 程序分析

```c
//程序:ex10.3.c
//功能:蜂鸣器发出变频报警声音
#include<reg52.h>                //通用52头文件
void delay(unsigned int i)       //定义名称为delay()的子函数
{
   while(i--);                   //i次空操作
}
sbit buzzer = P2^1;              //定义蜂鸣器接口
void main()                      //主函数
{
   int i;                        //计数变量
   while(1)                      //无限循环
   {
      for(i = 0;i < 1000;i++)   //1000个1ms构成1s
      {
         buzzer = 0;             //输出低电平
         delay(250);             //延时500μs
         buzzer = 1;             //输出高电平
         delay(250);             //延时500μs
```

```
        }
        for(i = 0;i < 2000;i++)      //2000 个 0.5ms 构成 1s
        {
            buzzer = 0;              //输出低电平
            delay(125);              //延时 250μs
            buzzer = 1;              //输出高电平
            delay(125);              //延时延时 250μs
        }
    }
}
```

程序中,产生 1kHz 频率和 2kHz 频率方波的程序结构完全相同,区别是其周期和频率不同,1kHz 对应的周期为 1ms,2kHz 对应的周期为 0.5ms,因此高、低电平持续的时间不同,1kHz 时高、低电平持续时间为 0.5ms,2kHz 时高、低电平持续时间为 0.25ms。在主程序中,先产生 1s 的 1kHz 方波信号,接着产生 1s 的 2kHz 方波信号,结束后进入下一次的循环。大循环是无限循环,除非断电或拔除器件,否则蜂鸣器将一直发出交替的"滴"和"嘟"声。在调试过程中,可以通过改变产生两种频率信号的 for 循环的初值,变换声音交替的频率。

5. 任务实施

(1) 用 Proteus 软件绘制电路图。
(2) 根据电路图在实验箱(或开发板)上连接硬件电路。
(3) 在 Keil C51 软件中编写代码并完成编译。
(4) 将编译成功后生成的 HEX 文件下载至单片机中,观察运行结果。

10.2.4 任务:播放音乐

1. 任务要求

用单片机控制蜂鸣器播放一段简单的音乐。

2. 任务分析

利用单片机控制端口输出不同频率的方波信号,可以使蜂鸣器发出不同音调的声音;再通过程序控制该频率信号持续的时间长度使该音调持续想要的节拍数。这样就可以播放一段简单的音乐了。单片机控制蜂鸣器播放音乐的流程如图 10-8 所示。

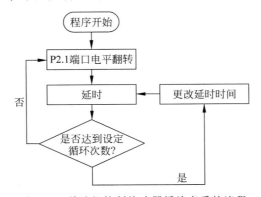

图 10-8 单片机控制蜂鸣器播放音乐的流程

3. 硬件电路设计

蜂鸣器播放音乐的电路如图 10-4 所示。

4. 程序分析

```c
//程序:ex10.4.c
//功能:蜂鸣器播放音乐
#include<reg52.h>                              //通用52头文件
sbit buzzer = P2^1;                            //定义蜂鸣器接口
void delayms(unsigned int n)                   //延时n ms子函数
{
    int i,j;
    for(i=0;i<n;i++)                           //循环n次
        for(j=0;j<120;j++);                    //延时1ms
}
unsigned char code SONG_TONE[] =
{212,212,190,212,159,169,212,212,190,212,142,159,212,212,106,126,129,169,190,119,
119,126,159,142,159,0};    //设置音调,本数组最后一个数据"0"起运行位置判断的作用
unsigned char code SONG_LONG[] =
{9,3,12,12,12,24,9,3,12,12,12,24,9,3,12,12,12,12,12,9,3,12,12,12,24,0};
//设置音调的节拍(时长),本数组最后一个数据"0"起运行位置判断的作用
void playmusic()                               //定义播放音乐子函数
{
    unsigned int i=0,j,k;                      //定义无符号整型变量
    while(SONG_LONG[i]!=0||SONG_TONE[i]!=0)    //从第一个音符播到最后一个音符
    {
        for(j=0;j<SONG_LONG[i]*20;j++)         //设置某个声音的节拍数(时长)
        {
            buzzer = ~buzzer;
            for(k=0;k<SONG_TONE[i]/3;k++);     //设置某个音调的高低
        }
        delayms(10);
        i++;
    }
}
void main()
{
    while(1)
    {
        playmusic();
        delayms(500);
    }
}
```

程序中,playmusic()函数中的 while 循环的主要作用是判断该段音符是否已经播放完成。在数组 SONG_TONE 和 SONG_LONG 中的最后一个数据均为 0,它的作用是用于和其他数据进行区分,当数据调用到最后一个 0 时,则跳出 while 循环。while 循环内部还有两级 for 循环,第一级 for 循环的作用是控制蜂鸣器某个特定频率方波的持续时长(即节拍),第二级 for 循环的作用是控制方波信号的频率(即音调)。

5. 任务实施

（1）用 Proteus 软件绘制电路图。

（2）根据电路图在实验箱（或开发板）上连接硬件电路。

（3）在 Keil C51 软件中编写代码并完成编译。

（4）将编译成功后生成的 HEX 文件下载至单片机中，观察运行结果。

本 章 小 结

蜂鸣器是单片机发声的基础部件之一，通过不同程序，蜂鸣器不仅可以发出简单的报警声，还可以播放复杂的音乐。通过本章的学习，可以了解到电子产品发声的原理，以及其相关程序的编写方法。

习　　题

1. 查阅资料，深入了解声音产生的原理及人耳对声音的反应。

2. 蜂鸣器和高档音响都能发出声音，但其效果差别很大，价格也差别很大，查阅资料，分析音响的组成部件有哪些及不同档次的音响的区别。

3. 查阅资料，深入了解音乐是由哪些音节构成的？如何将其转换成单片机代码？

实践作业 10

班级		学号		姓名	
任务要求	选取一首你喜欢的音乐,用单片机播放出来。					
实施过程						

第 11 章　点阵控制电路

学习目标
(1) 掌握点阵的工作原理。
(2) 掌握单片机控制点阵的硬件电路。
(3) 掌握点阵显示程序的编写方法。
(4) 熟练掌握 Keil 软件、STC-ISP 软件的使用方法。
(5) 熟练掌握电路的搭建和调试方法。

11.1　点阵概述

前面我们已经学习了七段数码管的结构和原理,它广泛应用于各种数字显示设备和智能仪器仪表中,但数码管只能显示 0~9 的数字和部分英文字母,无法显示中文汉字或图形。LED 点阵显示器在显示字符和图形图像上则更加灵活,一般应用于广告宣传、新闻传播等场合,可以显示文字、图形、动画等,甚至还可以显示多色图像。

LED 点阵显示器就是将多个 LED 按矩阵方式排列在一起,其引脚有规律地连接,通过对每个 LED 进行发光控制,点亮不同位置的 LED,从而完成各种字符和图形的显示。图 11-1 所示为 8×8 点阵显示模块,图 11-1(a)所示为点阵实物图,它有 64 个像素,可以显示一些比较简单的字符和图形;图 11-1(b)所示为点阵等效电路图,一块 8×8 点阵由 8 行 8 列 LED 构成,每一行 LED 的阳极分别连接在一起,每一列 LED 的阴极也分别连接在一起。向外引出 16 个引脚,其中,8 根行线用数字 0~7 表示,8 根列线用字母 A~H 表示。

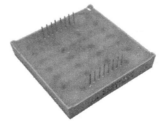

(a) 8×8点阵实物图(正面、背面)

图 11-1　点阵实物图和等效电路图

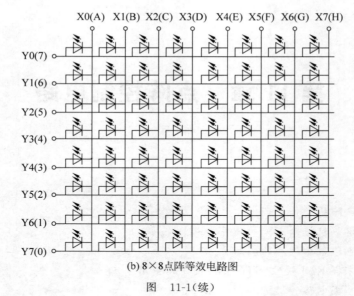

(b) 8×8点阵等效电路图

图 11-1（续）

由点阵等效电路图可以看出,想要点亮某一个 LED 的条件是:该 LED 所跨接的行和列必须为有效电平:行为高电平,列为低电平。例如,Y0=1,X7=0,则右上角的 LED 会被点亮。

11.2 点阵工作原理

用单片机控制一个 8×8 点阵显示模块,需要使用两个并行 I/O 口。一个 I/O 口用于控制行线,另一个 I/O 口用于控制列线。控制程序通常采用动态扫描实现,有逐行扫描法和逐列扫描法两种。

逐行扫描动态显示的原理是:首先在列引脚 A~H 送出第 1 行要显示的内容,第 1 行引脚为高电平,其他 7 行引脚给低电平为熄灭状态,延时一段时间;然后在列引脚 A~H 送出第 2 行要显示的内容,第 2 行引脚为高电平,其他 7 行引脚给低电平为熄灭状态,延时一段时间;以此类推,依次扫描第 3 行至第 8 行,利用人眼视觉暂留效应,不断循环这个过程,就可以看到一个完整的字符。逐列扫描方式原理类似。

下面以图 11-2 所显示数字"1"为例,分析逐行扫描法的工作原理。

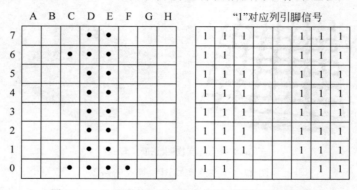

图 11-2 显示形状"1"与对应的列引脚信号示意图

点亮第 7 行：首先在列引脚 A～H 送出 E7H(11100111B)显示信号,此时 D、E 两列 LED 的阴极为低电平,并在行引脚 7～0 送出 80H(10000000B)扫描信号,使第 7 行的 LED 阳极为高电平,从而点亮 D7、E7 两个灯,然后延续一个时间段。

点亮第 6 行：在列引脚 A～H 送出 C7H(11000111B)显示信号,此时 C、D、E 三列 LED 的阴极为低电平,并在行引脚 7～0 送出 40H(01000000B)扫描信号,使第 6 行的 LED 阳极为高电平从而点亮 C6、D6、E6 三个灯,然后延续一个时间段。

接下来按此规律依次点亮第 5、4、3、2、1 行。

点亮第 0 行：在列引脚 A～H 送出 C3H(11000011B)显示信号,此时 C、D、E、F 四列 LED 的阴极为低电平,并在行引脚 7～0 送出 01H(00000001B)扫描信号,使第 0 行的 LED 阳极为高电平从而点亮 C5、D5、E5、F5 四个灯,然后延续一个时间段。

将以上 8 行点亮状态进行循环,则能在 8×8 点阵上看到一个数字"1"。此时的数字"1"所点亮的那几个 LED 并不是一直常亮,而是不断刷新的,如果用超高速摄像机录像后以多倍数慢放,可以观测到其闪烁变化的状态。普通人能感觉到的单一色块闪烁的最高频率一般为 60Hz,而在单片机控制下灯的刷新速度可以达到 1kHz 或者更高,超过了人眼能识别的极限频率,此时人眼只能看到一定亮度常亮的灯。

11.3 点 阵 应 用

11.3.1 任务：LED 点阵显示器稳定显示指定图形

1. 任务要求

采用单片机控制一片 8×8 LED 点阵显示模块,稳定显示爱心♥图形。

2. 任务分析

在 8×8 LED 点阵屏上显示爱心图形,需要点亮的位置如图 11-3 所示。爱心♥形状显示过程流程如图 11-4 所示。

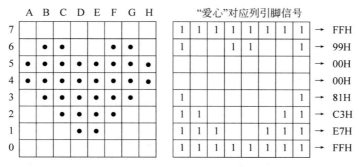

图 11-3 显示形状"爱心"与对应的列引脚信号示意图

3. 硬件电路设计

采用单片机 P1 口控制行线(row)、P0 口控制列线(column),在每条列线上串联一个 330Ω 的限流电阻,其电路如图 11-5 所示。

图 11-4 爱心形状显示过程流程

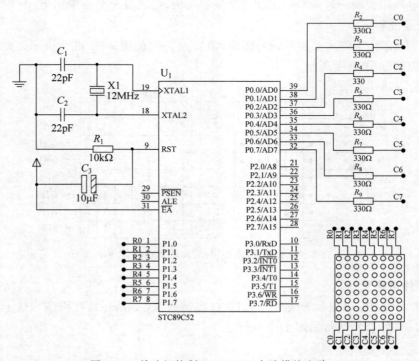

图 11-5 单片机控制 8×8 LED 点阵模块电路

4. 程序分析

```c
//程序:ex11.1.c
//功能:LED 点阵显示器稳定显示指定图形
#include <reg52.h>                //51 单片机通用头文件
void delayms(unsigned int n)      //延时 n ms 子函数
{
    int i,j;
    for(i = 0;i < n;i++)          //循环 n 次
        for(j = 0;j < 120;j++);   //延时 1ms
}
void main()
{
    unsigned char code led[ ] = {0xff,0xe7,0xc3,0x81,0x00,0x00,0x99,0xff};
                                  //心形♥的字形码
    unsigned char w,i;            //定义行变量 w,行数变量 i
    while(1)
    {
        w = 0x01;                 //行变量指向第 1 行
        for(i = 0;i < 8;i++)
        {
            P1 = w;                //行数据送 P1 口
            P0 = led[i];           //列数据送 P0 口
            delayms(1);
            w <<= 1;               //行变量左移指向下一行
        }
    }
}
```

将心形图形的列引脚信号放进一个无符号字符型数组 led[ ]里,由于采用的是 8×8 LED 点阵,因此数组数据类型为无符号字符型,数组长度为 8。主程序中依次调用该数组数据,即可实现对行显示状态的控制。

5. 任务实施

(1) 用 Proteus 软件绘制电路图。
(2) 根据电路图在实验箱(或开发板)上连接硬件电路。
(3) 在 Keil C51 软件中编写代码并完成编译。
(4) 将编译成功后生成的 HEX 文件下载至单片机中,观察运行结果。

11.3.2 任务:LED 点阵显示器稳定显示多个字符

1. 任务要求

采用单片机控制一片 8×8 LED 点阵显示模块,分屏稳定显示数字 0~9。

2. 任务分析

在 8×8 LED 点阵屏上分屏显示数字 0~9,先显示一定时长的数字 0,清屏后再显示一段时长的数字 1,再清屏后依次显示后续数字,并循环。本任务中程序编写和任务 1 的不同点主要有两个方面。其一,由于显示一个稳定字符需要 8 个列数据,如果要显示

10 个字符,则用于存放列引脚信号的数组长度就为 8×10＝80;其二,因为每个字符显示的时间有限,需要设置一定的循环次数,不能再是无穷次循环。稳定显示 0~9 字符的流程如图 11-6 所示。

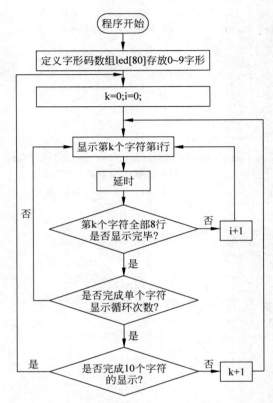

图 11-6 稳定显示 0~9 字符的流程

3. 硬件电路设计
电路如图 11-5 所示。

4. 程序分析
具体程序代码如下。

```c
//程序:ex11.2.c
//功能:LED 点阵显示器稳定显示多个字符
#include <reg52.h>                              //51 单片机通用头文件
void delayms(unsigned int n)                    //延时 n ms 子函数
{
    int i,j;
    for(i = 0; i < n; i++)                      //循环 n 次
        for(j = 0; j < 120; j++);               //延时 1ms
}
void main()
{
    unsigned char code led[ ] = {
```

```
            0xe7,0xdb,0xdb,0xdb,0xdb,0xdb,0xdb,0xe7,    //0
            0xff,0xe7,0xc7,0xe7,0xe7,0xe7,0xe7,0xc3,    //1
            0xff,0x87,0xf3,0xf3,0xc7,0x9f,0x9f,0x83,    //2
            0xff,0x87,0xf3,0xf3,0xc7,0xf3,0xf3,0x87,    //3
            0xff,0xf3,0xe3,0xd3,0xb3,0x83,0xf3,0xf3,    //4
            0xff,0x87,0xbf,0x87,0xf3,0xf3,0xf3,0x87,    //5
            0xff,0xc7,0x9f,0x87,0x93,0x93,0x93,0xc7,    //6
            0xff,0x03,0xf3,0xe7,0xe7,0xcf,0xcf,0xcf,    //7
            0xff,0xc7,0x93,0x93,0xc7,0x93,0x93,0xc7,    //8
            0xff,0xc7,0x93,0x93,0x93,0xc3,0xf3,0xc7};   //9
    unsigned char w;
    unsigned int i,j,k,m;
    while(1)
    {
        for(k = 0;k < 10;k++)           //字符个数控制变量
        {
            for(m = 0;m < 150;m++)      //每个字符扫描显示150次,控制每个字符显示时间
            {
                w = 0x01;               //行变量w指向第一行
                j = k * 8;              //指向数组led的第k个字符第一个显示码下标
                for(i = 0;i < 8;i++)    //显示第k个字符
                {
                    P1 = w;             //行数据送P1口
                    P0 = led[j];        //列数据送P0口
                    delayms(1);
                    w <<= 1;            //行变量左移指向下一行
                    j++;                //指向数组中下一个显示码
                }
            }
        }
    }
}
```

5. 任务实施

(1) 用 Proteus 软件绘制电路图。

(2) 根据电路图在实验箱(或开发板)上连接硬件电路。

(3) 在 Keil C51 软件中编写代码并完成编译。

(4) 将编译成功后生成的 HEX 文件下载至单片机中,观察运行结果。

11.3.3 任务:LED 点阵显示器滚动显示多个字符

1. 任务要求

采用单片机控制一片 8×8 LED 点阵显示模块,滚动显示字符 123♥。

2. 任务分析

在 8×8 LED 点阵屏上滚动显示字符,随着前一个字符的向上移动退出,后一个字符紧跟着逐渐进入显示区域,呈现出流动的效果。在流动效果下,点阵屏上会同时出现相邻

两个字符的部分形状。本程序采用分屏显示的方式实现。

如图 11-7 所示,第 1 屏,出现完整的数字 1;第 2 屏,数字 1 逐渐从上方退出一行,数字 2 进入一行;第 3 屏,数字 1 退出两行,数字 2 进入两行。直到第 9 屏,数字 1 完全退出,此时显示屏显示完整的数字 2。以此类推。

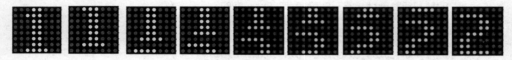

图 11-7　LED 滚动显示的前 9 屏

3. 硬件电路设计

电路如图 11-5 所示。

4. 程序分析

具体程序代码如下:

```c
//程序:ex11.3.c
//功能:LED 点阵显示器滚动显示多个字符
#include <reg52.h>                              //51 单片机通用头文件
void delayms(unsigned int n)                    //延时 n ms 子函数
{
    int i,j;
    for(i = 0;i < n;i++)                        //循环 n 次
        for(j = 0;j < 120;j++);                 //延时 1ms
}
void main()
{
    unsigned char code led[] = {
        0xe7,0xc7,0xe7,0xe7,0xe7,0xe7,0xe7,0xc3,    //1
        0xff,0x87,0xf3,0xf3,0xc7,0x9f,0x9f,0x83,    //2
        0xff,0x87,0xf3,0xf3,0xc7,0xf3,0xf3,0x87,    //3
        0xff,0x99,0x00,0x00,0x81,0xc3,0xe7,0xff};   //♥
    unsigned char w;
    unsigned int i,j,k,m;
    while(1)
    {
        for(k = 0;k < 32;k++)         //显示滚动行数控制变量
        {
            for(m = 0;m < 100;m++)    //每个字符扫描显示 100 次,控制每屏字符显示时间
            {
                w = 0x01;
                j = k;
                for(i = 0;i < 8;i++)
                {
                    P1 = w;           //行数据送 P1 口
                    P0 = led[j];      //列数据送 P0 口
                    delayms(1);
                    P0 = 0xff;        //关显示
                    w <<= 1;          //行变量左移指向下一行
```

```
                j++;                    //指向数组中下一个显示码
                if(j>31)
                    j=j-32;             //如果列数据显示完回到初始
            }
        }
    }
}
```

5. 任务实施

（1）用 Proteus 软件绘制电路图。
（2）根据电路图在实验箱（或开发板）上连接硬件电路。
（3）在 Keil C51 软件中编写代码并完成编译。
（4）将编译成功生成的 HEX 文件下载至单片机中，观察运行结果。

本 章 小 结

点阵是在单个 LED 的基础上，形成的二维显示模块，通过点阵可以显示较为复杂的文字、数字或图案。点阵有着广泛的应用，在实际中，往往点阵显示屏比较大，其控制也更为复杂，在学习了本章内容后，可以继续了解复杂点阵的控制方法。

习　　题

1. 点阵也是由发光二极管构成，比较点阵与数码管之间的区别。
2. 比较点阵的动态扫描与数码管动态扫描及矩阵式键盘的扫描之间的相同之处与区别。
3. 用点阵字模软件生成汉字字库，并编写代码运行显示出来。

实践作业 11

班级		学号		姓名	
任务要求	用点阵显示当天日期。				
实施过程					

第 12 章 液晶显示控制电路

学习目标
(1) 了解液晶显示器的工作原理。
(2) 了解 LCD1602 的引脚功能和控制命令。
(3) 掌握单片机控制 LCD1602 的硬件电路。
(4) 掌握 LCD1602 显示程序的编写方法。
(5) 熟练掌握 Keil 软件、STC-ISP 软件的使用方法。
(6) 熟练掌握电路的搭建和调试方法。

液晶显示器(liquid crystal display,LCD)是一种用液晶材料制成的低功耗显示器,具有低电压、微功耗、体积小、寿命长、被动显示、电磁辐射低等优点,为便携式和手持仪器仪表的首选显示器。本章以常见的字符型液晶显示模块 LCD1602 为例介绍单片机与液晶显示器的接口设计方法。

12.1 LCD1602 液晶显示模块概述

LCD1602 液晶显示器是广泛使用的一种字符型液晶显示模块,能够同时显示 32 个(16 列×2 行)字符,专门用来显示字母、数字、图形以及少量自定义符号。LCD1602 液晶显示器由字符型液晶显示屏(LCD)、控制驱动主电路 HD44780 及其扩展驱动电路 HD44100,以及少量电阻、电容和结构件等组成。

LCD1602 液晶显示模块的实物图和引脚分布如图 12-1 所示。各引脚功能见表 12-1。

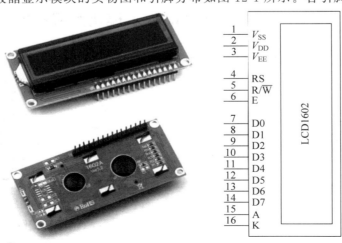

图 12-1 LCD1602 液晶显示模块实物图和引脚分布

表 12-1　LCD1602 的各引脚功能

引脚号	引脚名称	引脚功能
1	V_{SS}	地引脚(GND)
2	V_{DD}	+5V 电源引脚(V_{CC})
3	V_{EE}	液晶显示器驱动电源(0~5V),可连接电位器
4	RS	寄存器选择端,RS=0 选择指令寄存器,RS=1 选择数据寄存器
5	$R/\overline{W}$	读/写控制线,$R/\overline{W}$=0 写操作,$R/\overline{W}$=1 读操作
6	E	数据读/写操作控制位,E 线向 LCD 发送一个脉冲,LCD 与单片机间将进行一次数据交换
7~14	D0~D7	数据线
15	A	背光控制正极
16	K	背光控制负极

单片机对 LCD 模块编程控制有 4 种操作：写命令、写数据、读状态和读数据,由 LCD1602 的 3 个控制引脚 RS、$R/\overline{W}$、E 的不同组合状态确定,见表 12-2。

表 12-2　LCD1602 编程控制方式

LCD 控制端状态			LCD 操作
RS	$R/\overline{W}$	E	
0	0	⎍	写命令：写入 LCD 的控制指令,如清屏、显示开关等
0	1	⎍	读状态：读取 LCD 引脚状态,返回为状态字,D0~D6 位为当前 LCD 数据指针的地址,D7 位为忙状态标志位(当忙状态标志为"1"时,表明 LCD 正在进行内部操作,不允许进行其他操作；当忙状态标志为"0"时,表明 LCD 内部操作已经结束,可进行其他操作)
1	0	⎍	写数据：向 LCD 写入需要显示的数据,例如要显示字符 a,就写入 01000001B(41H)
1	1	⎍	读数据：将 LCD 寄存器中的数据读出来

12.2　LCD1602 液晶显示模块编程控制

对 LCD 的读/写操作必须符合其读/写操作时序,图 12-2 给出了 LCD 模块读/写操作时序图。

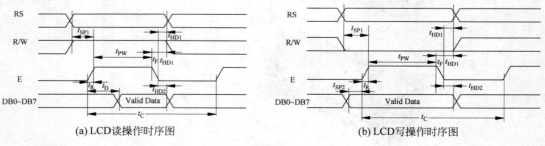

(a) LCD 读操作时序图　　　　　　　　(b) LCD 写操作时序图

图 12-2　LCD 模块读/写操作时序图

从时序图中可以看出,当要写命令时,RS 置为低电平,RW 置为低电平,EN 置为低电平,然后将指令数据送到数据口 D0~D7,延时 t_{SP1},让 LCD 模块准备接收数据,然后将 E 拉高,产生一个上升沿,这时指令就开始写入 LCD 指令寄存器,延时一段时间,将 EN 置为低电平。

当要写数据时,RS 置为高电平,RW 置为低电平,E 置为低电平,然后将指令数据送到数据口 D0~D7,延时 t_{SP1},让 LCD 模块准备接收数据,然后将 E 拉高,产生一个上升沿,这时就开始向 LCD 写入数据,延时一段时间,将 EN 置为低电平。

以 51 单片机为例,LCD1602 模块的 D0~D7 接到单片机 P2 口,RS、RW、E 接到 P1.0、P1.1 和 P1.2 三个引脚,如图 12-3 所示。

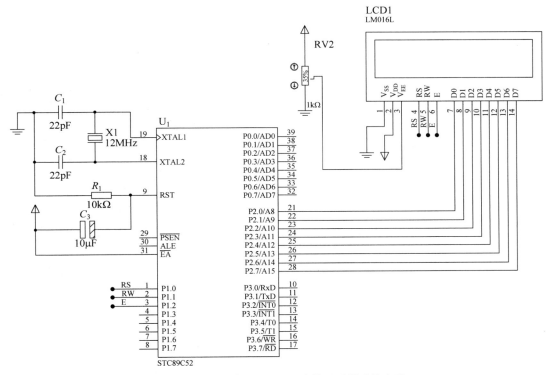

图 12-3　单片机与 LCD1602 液晶显示器连接电路

写命令和写数据代码如下。

1. 写命令操作

```
//LCD1602 写命令函数,cmd 就是要写入的命令
void lcd_w_cmd(unsigned char cmd)
{
    RS = 0;                  //操作命令寄存器
    RW = 0;                  //写操作
    E = 0;                   //E 端时序
    P2 = cmd;                //将 cmd 中的命令字写入 LCD1602
    delay();                 //延时,使 LCD1602 准备接收数据
```

```
        E = 1;                    //使能线电平变化上升沿,命令送入 LCD1602 的 8 位数据口
        delay();
        E = 0;                    //使能线拉低
}
```

字符型 LCD1602 液晶显示模块一共有 11 条命令,详见表 12-3。LCD 上电时,都必须按照一定的时序对其进行初始化操作,主要任务是设置 LCD 工作方式、显示状态、清屏、输入方式、光标位置等。

表 12-3　LCD1602 命令字

编号	命令	控制信号		命 令 字							
		RS	R/$\overline{W}$	D7	D6	D5	D4	D3	D2	D1	D0
1	清屏	0	0	0	0	0	0	0	0	0	1
2	光标返回	0	0	0	0	0	0	0	0	1	×
3	输入方式设置	0	0	0	0	0	0	0	1	I/D	S
4	显示开关设置	0	0	0	0	0	0	1	D	C	B
5	光标画面滚动设置	0	0	0	0	0	1	S/C	R/L	×	×
6	工作方式设置	0	0	0	0	1	DL	N	F	×	×
7	CGRAM 地址设置	0	0	0	1	CGRAM 地址(6 位)					
8	DDRAM 地址设置	0	0	1	DDRAM 地址(7 位)						
9	读 BF 和 AC	0	1	BF	AC 内容(7 位)						
10	写数据	1	0	要写入的数据(8 位)							
11	读数据	1	1	要读出的数据(8 位)							

表 12-3 中所示字符的含义如下。

(1) 命令 3 为输入方式设置。

I/D:写入新数据后光标移动方向,I/D=1 右移,I/D=0 左移。

S:写入新数据后显示屏字符是否整体左移或右移一个字符,高电平有效,低电平无效。

(2) 命令 4 为显示开关设置。

D(Dispaly):控制整体显示的开与关,D=1 表示开显示屏,D=0 表示关显示屏。

C(Cursor):控制光标的开与关,C=1 表示有光标,C=0 表示无光标。

B(Blink):控制光标是否闪烁,B=1 表示闪烁,B=0 表示不闪烁。

(3) 命令 5 为光标画面滚动设置。

S/C=0,R/L=0:光标左移。

S/C=0,R/L=1:光标右移。

S/C=1,R/L=0:字符和光标都左移。

S/C=1,R/L=1:字符和光标都右移。

(4) 命令 6 为工作方式设置。

DL:DL=1 代表数据长度为 8 位,DL=0 代表数据长度为 4 位。

N:N=0 表示只有一行可以显示,N=1 表示两行都可以显示。

F:F=0 表示一个 5×7 的点阵字符,F=1 表示一个 5×10 的点阵字符。

（5）命令 7 为 CGRAM 地址设置。

LCD1602 的 CGRAM(character generation RAM，自定义字符随机存储器)可以设置和存储自定义字符，它共有 6 位，一共可以表示 64 个地址，即进行 64 字节的存储空间的寻址。

（6）命令 9 为读 BF 和 AC。

BF：忙标志位，高电平表示忙，此时模块不能接收命令或数据，低电平表示不忙。

AC：光标当前所在位置。

在程序中调用前面所定义的写命令子函数 lcd_w_cmd()，举例给出其表示的含义如下，这也是 LCD1602 进行初始化的常用代码。

```
lcd_w_cmd(0x38);        //工作方式设置:16*2 显示,5*7 点阵,8 位数据口
lcd_w_cmd(0x0C);        //显示状态设置:开显示,不显示光标
lcd_w_cmd(0x06);        //输入方式设置:地址加 1,当写入数据后光标右移
lcd_w_cmd(0x01);        //清屏
```

2. 写数据操作

想要把一个字符在 LCD 的某一指定位置进行显示，就必须将显示数据写在相应的 DDRAM(display data RAM，显示数据随机存储器)地址中。LCD1602 内部显示位置与 DDRAM 地址之间的对应关系如图 12-4 所示。

00H	01H	02H	03H	04H	05H	06H	07H	08H	09H	0AH	0BH	0CH	0DH	0EH	0FH
40H	41H	42H	43H	44H	45H	46H	47H	48H	49H	4AH	4BH	4CH	4DH	4EH	4FH

图 12-4   LCD1602 显示位置与 DDRAM 地址之间的对应关系

假如想要在第 1 行第 2 列写入一个字符，需要使用指令 8 进行地址设置，指令 8 的命令字 D7 位为 1，而该位置的 DDRAM 地址是 01H(00000001B)，最高位 D7 是 0，因此需要加上一个 80H(10000000)将最高位置 1，也就是实际调用指令 8 时写入的是 01H(00000001)＋80H(10000000)＝81H(10000001)。

同理，当在第 2 行第 1 列写入一个字符时，该位置的 DDRAM 地址是 40H(01000000B)，加上一个 80H(10000000)将最高位置 1，实际调用指令 8 时写入的是 40H(01000000)＋80H(10000000)＝C0H(11000000)。因此，将真实的 D0～D6 共 7 位 DDRAM 地址增加一个为 1 的最高位 D7，实际在进行显示位置设置时控制显示位置的命令字见表 12-4。

表 12-4   光标位置与相应命令字

						列									
1	2	3	4	5	6	7	8	9	10	11	12	13	14	15	16
80H	81H	82H	83H	84H	85H	86H	87H	88H	89H	8AH	8BH	8CH	8DH	8EH	8FH
C0H	C1H	C2H	C3H	C4H	C5H	C6H	C7H	C8H	C9H	CAH	CBH	CCH	CDH	CEH	CFH

因此，在指定位置显示一个字符，需要两个步骤，首先进行光标定位，写入光标位置命令字(写命令操作)；其次写入要显示字符的 ASCII 码(写数据操作)。

例如，要在 LCD1602 的第 2 行第 9 列显示字符 A，可以使用以下语句。

```
lcd_w_cmd(0xC8);          //设置显示位置为第 2 行第 9 列
lcd_w_dat(0x41);          //可以写成 lcd_w_dat('A');
```

写数据操作中,当写入一个字符后,如果没有再给光标重新定位,则 DDRAM 地址会自动加 1 或减 1(加或减由指令 3 输入方式设置)。由于第 1 行和第 2 行地址并不连续,当两行都有显示要求时,要注意显示地址的设置。

LCD1602 液晶显示模块内部的字符字模存储器 CGROM 已经存储了阿拉伯数字、大小写英文字母、常用的符号等点阵字符,每一个字符都有一个固定的代码,如小写英文字母 a 的代码是 01100001B(61H)。LCD1602 标准字库表见表 12-5。

表 12-5　LCD1602 标准字库表

低 4 位	0000	0010	0011	0100	0101	0110	0111	1010	1011	1100	1101	1110	1111
0000	CG-RAM (1)		0	@	P	`	p		一	タ	ミ	α	p
0001	(2)	!	1	A	Q	a	q	。	ア	チ	ム	ä	q
0010	(3)	"	2	B	R	b	r	「	イ	ツ	メ	β	θ
0011	(4)	#	3	C	S	c	s	」	ウ	テ	モ	ε	∞
0100	(5)	$	4	D	T	d	t	、	エ	ト	ヤ	μ	Ω
0101	(6)	%	5	E	U	e	u	・	オ	ナ	ユ	σ	ü
0110	(7)	&	6	F	V	f	v	ヲ	カ	ニ	ヨ	ρ	Σ
0111	CG-RAM (8)	'	7	G	W	g	w	ァ	キ	ヌ	ラ	g	π
1000	CG-RAM (1)	(	8	H	X	h	x	ィ	ク	ネ	リ	√	x
1001	(2)	)	9	I	Y	i	y	ゥ	ケ	ノ	ル	¹	y
1010	(3)	*	:	J	Z	j	z	ェ	コ	ハ	レ	j	千
1011	(4)	+	;	K	[	k	{	ォ	サ	ヒ	ロ	x	万

续表

低4位		0000	0010	0011	0100	0101	0110	0111	1010	1011	1100	1101	1110	1111
1100	(5)		＜	L	￥	l	l	ヤ	シ	フ	７	¢	円
1101	(6)		＝	M	］	M	)	ユ	ス	ヘ	ン	ｔ	÷
1110	(7)		＞	N	^	n	→	３	セ	ホ	・	n	
1111	CG-RAM (8)	／	？	O	—	O	←	ッ	ソ	マ	８	ö	■

3. 读数据操作

在进行写命令、写数据、读数据三种操作以前，必须先进行读状态操作，查询忙标志。读 LCD 内部忙状态常用的程序代码如下：

```
unsigned char i;
do{                          //查忙操作
    i = lcd_r_start();       //调用读状态字函数
    i = i&0x80;              //与操作屏蔽掉低 7 位
    delayms(1);
}while(i!= 0);               //LCD 忙，继续查询，否则退出循环
```

读忙状态字采用指令 9，代码如下：

```
unsigned char lcd_r_start()
{
    unsigned char s;
    RW = 1;                  //读 LCD 状态
    RS = 0;
    E = 0;                   //E 端时序
    s = P2;                  //从 LCD 的数据口读状态
    delay();
    E = 1;
    delay();
    E = 0;;
    RW = 1;
    delay();
    return(s);               //返回读取的 LCD 状态字
}
```

通过上述程序查询忙标志，忙标志为 0 时，可进行后续操作。

12.3 液晶显示控制电路应用实例

1. 任务要求

采用单片机控制一片 LCD1602 液晶显示器模块，在第 1 行中间显示 HELLO WORLD，

在第 2 行中间显示 TEST。

2. 任务分析

单片机与 LCD1602 模块的硬件连接电路如图 12-3 所示。编程流程如图 12-5 所示。

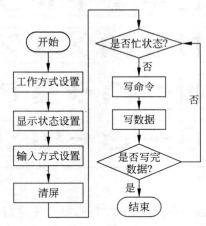

图 12-5　LCD1602 显示字符的流程

3. 硬件电路设计

硬件电路如前述单片机与 LCD1602 液晶显示器连接电路（见图 12-3）所示，此处不再重复给出。

4. 程序分析

```c
//程序:ex12.1.c
//功能:LCD1602 液晶显示器显示指定字符
#include<reg52.h>              //51 单片机通用头文件
#include<intrins.h>            //库函数头文件,代码中引用了_nop_()函数
//定义控制信号端口
sbit RS = P1^0;                //LCD1602 液晶的 RS 引脚
sbit RW = P1^1;                //LCD1602 液晶的 RW 引脚
sbit E  = P1^2;                //LCD1602 的 EN 引脚

//延时 n ms 子函数
void delayms(unsigned int n)
{
    int i,j;
    for(i = 0;i < n;i++)       //循环 n 次
        for(j = 0;j < 120;j++); //延时 1ms
}

//采用软件延时,5 个机器周期
void delay1()
{
    _nop_();
    _nop_();
    _nop_();
}
```

```c
//返回忙状态字,最高位 D7 = 0,LCD 控制器空闲;D7 = 1,LCD 控制器忙
unsigned char lcd_r_start()
{
    unsigned char s;
    RW = 1;                     //读 LCD 状态
    delay1();
    RS = 0;
    delay1();
    E = 1;                      //E 端时序
    delay1();
    s = P2;                     //从 LCD 的数据口读状态
    delay1();
    E = 0;
    delay1();
    RW = 0;
    delay1();
    return(s);                  //返回读取的 LCD 状态字
}

//LCD1602 写命令函数,命令字已存入 cmd 单元中
void lcd_w_cmd(unsigned char cmd)
{
    unsigned char i;
    do{                         //查 LCD 忙操作
        i = lcd_r_start();      //调用读状态字函数
        i = i&0x80;             //与操作屏蔽掉低 7 位
        delay1();
    }while(i!= 0);              //LCD 忙,继续查询,否则退出循环
    RS = 0;                     //操作指令寄存器
    RW = 0;                     //写操作
    E = 0;                      //E 端时序
    P2 = cmd;                   //将 cmd 中的命令字写入 LCD
    delay1();                   //延时,使 LCD 准备接收数据
    E = 1;                      //使能线电平变化上升沿,命令送入 LCD1602 的 8 位数据口
    delay1();
    E = 0;                      //使能线拉低
}

//LCD1602 写数据函数,数据已存入 dat 单元中
void lcd_w_dat(unsigned char dat)
{
    unsigned char i;
    do{                         //查忙操作
        i = lcd_r_start();      //调用读状态字函数
        i = i&0x80;             //与操作屏蔽掉低 7 位
        delay1();
    }while(i!= 0);              //LCD 忙,继续查询,否则退出循环
    RS = 1;                     //操作指令寄存器
    RW = 0;                     //写操作
    E = 0;                      //E 端时序
    P2 = dat;                   //将 dat 中的数据写入 LCD
```

```
        delay1();                    //延时,使 LCD 准备接收数据
        E = 1;                       //使能线电平变化上升沿,命令送入 LCD1602 的 8 位数据口
        delay1();
        E = 0;                       //使能线拉低
    }

    //LCD1602 功能初始化
    void lcd_init()
    {
        lcd_w_cmd(0x3c);             //设置工作方式
        lcd_w_cmd(0x0e);             //设置光标
        lcd_w_cmd(0x06);             //设置输入方式
        lcd_w_cmd(0x01);             //清屏
        lcd_w_cmd(0x80);             //设置初始显示位置
    }

    void main()                      //主函数
    {
        unsigned char lcd[ ] = "HELLO WOLRD";
        unsigned char lcd2[ ] = "TEST";
        unsigned char i,j;
        P2 = 0xff;                   //送全 1 到 P2 口
        lcd_init();                  //初始化 LCD
        delayms(100);
        lcd_w_cmd(0x83);             //设置显示位置,第 1 行第 4 列
        delayms(100);
        for(i = 0;i < 11;i++)        //显示字符串字符个数
        {
            lcd_w_dat(lcd[i]);
            delayms(100);
        }
        lcd_w_cmd(0xC7);             //设置显示位置,第 2 行第 8 列
        delayms(100);
        for(j = 0;j < 4;j++)         //显示字符串字符个数
        {
            lcd_w_dat(lcd2[j]);
            delayms(100);
        }
        while(1);                    //原地踏步
    }
```

最终显示效果如图 12-6 所示。

图 12-6　液晶显示效果图

5. 任务实施

(1) 用 Proteus 软件绘制电路图。

(2) 根据电路图在实验箱(或开发板)上连接硬件电路。

(3) 在 Keil C51 软件中编写代码并完成编译。

(4) 将编译成功后生成的 HEX 文件下载至单片机中,观察运行结果。

本 章 小 结

相比点阵而言,液晶屏的显示效果往往更细腻,内容更丰富,功耗更低,体积更小。液晶片的显示方法也比较复杂,通过本章学习,可以掌握 LCD1602 液晶显示的工作原理和控制方法。

习　　题

1. 查阅资料,除了 LCD1602 外,还有哪些常见型号的液晶。
2. 查阅资料,深入了解 LCD 液晶显示器的详细结构和显示原理。
3. 总结 51 单片机控制 LCD1602 的读/写控制方式。

实践作业 12

班级		学号		姓名	
任务要求	用液晶显示 Hello,China!				
实施过程					

第 13 章　步进电动机控制应用

> **学习目标**
> （1）掌握步进电动机的工作原理。
> （2）掌握单片机控制电动机的硬件电路。
> （3）掌握步进电动机控制程序的编写方法。
> （4）熟练掌握 Keil 软件、STC-ISP 软件的使用方法。
> （5）熟练掌握电路的搭建和调试方法。

13.1　步进电动机

13.1.1　步进电动机的简介

步进电动机是一种将电脉冲信号转换成相应角位移或线位移的电动机。每输入一个脉冲信号，转子就转动一个角度或前进一步，其输出的角位移或线位移与输入的脉冲数成正比，转速与脉冲频率成正比。因此，步进电动机又称脉冲电动机。步进电动机根据一系列步距角进行旋转，就像人们一步步上下楼梯一样。

步进电动机基于最基本的电磁铁原理，它是一种可以自由回转的电磁铁，其动作原理是依靠气隙磁导的变化来产生电磁转矩。1923 年，James Weir French 发明的三相可变磁阻型可视为步进电动机的前身。20 世纪初，步进电动机广泛应用在电话自动交换机中。此后，步进电动机在缺乏交流电源的船舶和飞机等独立系统中得到了广泛的使用。20 世纪 50 年代后期晶体管的发明也逐渐应用在步进电动机上，对于数字化的控制变得更为容易。到了 20 世纪 80 年代，由于廉价的微型计算机以多功能的形式出现，步进电动机的控制方式更加灵活多样。

步进电动机相对于其他控制用途电动机的最大区别是：它接收数字控制信号（电脉冲信号）并转换成与之相对应的角位移或直线位移，它本身就是一个完成数字模式转换的执行元件。而且它可在开环位置控制，输入一个脉冲信号就得到一个规定的位置增量，这样的增量位置控制系统与传统的直流控制系统相比，其成本明显减低，几乎不必进行系统调整。步进电动机的角位移量与输入的脉冲个数严格成正比，而且在时间上与脉冲同步。因此只要控制脉冲的数量、频率和电动机绕组的相序，即可获得所需的转角、速度和方向。

目前，随着科学技术的发展，特别是永磁材料、半导体技术、计算机技术的发展，步进电动机广泛应用于数控机床、轧钢机、数模转换装置以及自动化仪表等方面。

13.1.2 步进电动机控制技术及发展概况

作为一种控制用的特种电动机,步进电动机无法直接接到直流或交流电源上工作,必须使用专用的驱动电源(步进电动机驱动器)。在微电子技术,特别是计算机技术成熟以前,控制器(脉冲信号发生器)完全由硬件实现,控制系统采用分立的元器件或者集成电路组成控制回路,不仅调试安装复杂,还要消耗大量的元器件,而且一旦定型之后,如果要改变控制方案就一定要重新设计电路。这使得需要针对不同的电动机开发不同的驱动器,开发难度和开发成本都很高,控制难度较大,限制了步进电动机的推广。

但是,由于步进电动机是一种把电脉冲转换成离散的机械运动的装置,具有很好的数字控制特性,因此计算机成为步进电动机的理想驱动装置。随着微电子和计算机技术的发展,软、硬件结合的控制方式成为主流,即通过程序产生控制脉冲,驱动硬件电路。单片机通过软件来控制步进电动机,更好地挖掘出了步进电动机的潜力。因此,用单片机控制步进电动机已经成了一种必然的趋势,也符合数字化的时代趋势。

13.1.3 步进电动机的分类

步进电动机的结构形式和分类方法较多,一般按励磁方式可分为磁阻式、永磁式和混磁式三种;按相数可分为单相、双相、三相和多相等形式;按其工作方式的不同可分为功率式和伺服式两种。功率式步进电动机的输出转矩较大,能直接带动较大的负载。伺服式步进电动机的输出转矩较小,只能直接带动较小的负载,对于大负载需要通过液压放大元件来传动。按运动方式可分为旋转运动、直线运动和平面运动几种。在永磁式步进电动机中,它的转子是用永久磁铁制成的,也有通过滑环由直流电源供电的励磁绕组制成的转子,在这类步进电动机中,转子中产生励磁;在反应式步进电动机中,其转子由软磁材料制成齿状,转子的齿也称为显极,在这种步进电动机的转子中没有励磁绕组。它们产生电磁转矩的原理虽然不同,但其动作过程基本上是相同的,反应式步进电动机有力矩惯性比高、步进频率高、频率响应快、可双向旋转、结构简单和寿命长等特点。在计算机应用系统中大量使用的是反应式步进电动机。

13.1.4 步进电动机的特点

步进电动机工作时的位置和速度信号不反馈给控制系统,如果电动机工作时的位置和速度信号反馈给控制系统,那么它就属于伺服电动机。相对于伺服电动机,步进电动机的控制相对简单,但不适用于精度要求较高的场合。

步进电动机的特点如下。

(1) 易于通过脉冲信号对电动机进行控制。
(2) 不需要反馈电路以返回旋转轴的位置和速度信息(开环控制)。
(3) 由于没有接触电刷而实现更高的可靠性。
(4) 需要脉冲信号输出电路。
(5) 当控制不适当的时候,可能会出现同步丢失。

（6）由于在旋转轴停止后仍然存在电流而产生热量。

可见，步进电动机的优点和缺点都非常突出。优点是控制简单、精度高，没有累积误差，结构简单，使用维修方便，制造成本低。缺点是效率较低、发热大，有时会"失步"。

13.2 步进电动机的结构和工作原理

13.2.1 步进电动机的结构

现在以永磁式步进电动机模型为例来谈谈步进电动机的结构。步进电动机在结构上大致分为定子与转子两部分。步进电动机的内部结构如图 13-1 所示，从图中可以看到在步进电动机里有一个可以转动的部分，它被称为"转子"，转子由转子 1、转子 2、永磁磁铁三部分构成。此外，转子已被轴向磁化，转子 1 为 N 极时，转子 2 则为 S 极。整个转子上均匀地分布着许多细小的齿，相邻齿之间的夹角称为转子齿距角，同一步进电动机内转子与定子绕组铁心上的齿具有相同的齿距角。转子上的齿与绕组的相数共同决定电动机旋转的精度，在相数确定的情况下，转子的齿数越高，精度越高。

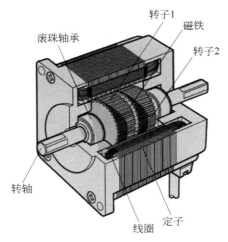

图 13-1 步进电动机的内部结构

定子拥有小齿状的磁极，皆绕有线圈。其线圈的对角位置的磁极相互连接，通电时，线圈即会被磁化成同一极性。例如，对某一线圈进行通电后，对角线的磁极将磁化成 S 极或 N 极。对角线的两个磁极形成一个相。有 A 相至 E 相共 5 个相位的机型称为五相步进电动机，有 A 相和 B 相 2 个相位的机型称为双相步进电动机，如图 13-2 所示。

步进电动机的精度通常用走一步的旋转度数来表示，称为步距角。步距角可用下面的方式计算，注意两相步进电动机步距角[见式(13-1)]与多相步进电动机步距角[见式(13-2)]的计算方法不同。

$$转子齿距角\ \theta = \frac{360°}{转子齿数}$$

$$步距角\ \delta = \frac{转子齿距角}{2 \times 绕组相数} \qquad (13-1)$$

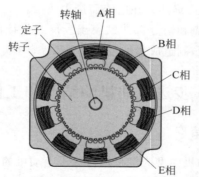

(a) 5相电动机构造：与转轴垂直方向的断面

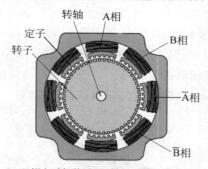

(b) 双相电动机构造：与转轴垂直方向的断面

图 13-2　五相电动机和双相电动机的结构

$$步距角 \delta = \frac{转子齿距角}{绕组相数} \tag{13-2}$$

例如，转子具有 50 齿的步进电动机的齿距角为

$$\delta = \frac{\theta}{2 \times 2 \times 50} = \frac{360°}{200} = 1.8°$$

另外，也常使用电动机转一圈的步数来表示步进电动机的精度，如步距角为 1.8°，那么一圈就是 360°/1.8°＝200 步。

13.2.2　步进电动机的工作原理

下面以五相步进电动机为例，针对实际经过磁化后的转子及定子的小齿的位置关系进行说明。

1. A 相励磁时

将 A 相励磁，会使磁极磁化成 S 极，而其将与带有 N 极极性的转子 1 的小齿互相吸引，并与带有 S 极极性的转子 2 的小齿相斥，于平衡后停止。此时，没有励磁的 B 相磁极的小齿和带有 S 极极性的转子 2 的小齿互相偏离 0.72°。图 13-3 所示就是 A 相励磁时定子和转子小齿的位置关系。

2. B 相励磁时

由 A 相励磁转为 B 相励磁时，B 相磁极磁化成 N 极，与拥有 S 极极性的转子 2 互相吸引，而与拥有 N 极极性的转子 1 相斥。

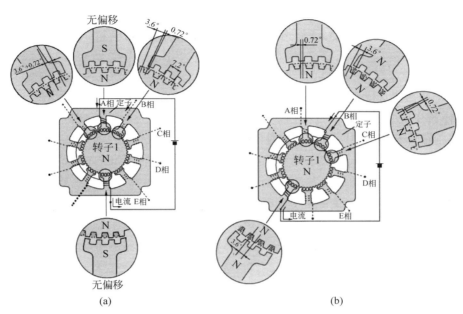

图 13-3　A 相励磁时定子和转子小齿的位置关系

也就是说，将励磁相从 A 相励磁转换至 B 相励磁时，转子旋转 0.72°。由此可知，励磁相位随 A 相→B 相→C 相→D 相→E 相→A 相依次转换，则步进电动机以每次 0.72°做正确的旋转。此外，希望做反方向旋转时，只需要将励磁顺序倒转，依照 A 相→E 相→D 相→C 相→B 相→A 相励磁即可。

0.72°的高分辨率取决于定子和转子构造上的机械偏移量，所以不需要编码器等传感器即可正确定位。此外，就停止精度而言，只有定子与转子的加工精度、组装精度及线圈的直流电阻的不同等因素会造成影响，因此可获得 ±3′（空载时）的高停止精度。实际上步进电动机是由驱动器来进行励磁相的转换，而励磁相的转换定时则是由输入驱动器的脉冲信号所完成。

这个是单相励磁的例子，在实际运转时，为了有效利用线圈，四相或五相同时进行励磁。

13.2.3　步进电动机的步进方式

1. 单拍

单拍工作方式是每次只给一个线圈通电，通过改变每次通电的线圈从而使步进电动机转动。以一个四相步进电动机为例，假设它的四个线圈分别为 A、B、C、D，那么在单拍工作方式下，线圈通电顺序依次为：A→B→C→D。工作方式如前面介绍的五相电动机。

2. 双拍

双拍工作方式就是每次给两个线圈通电，通过改变通电的线圈从而使步进电动机转动。四相步进电动机在双拍工作方式下，线圈的通电顺序依次为：AB→BC→CD→DA。

3. 单双拍

单双拍工作方式就是单拍工作方式和双拍工作方式依次交替进行。
四相步进电动机的单双拍工作方式依次为：A→AB→B→BC→C→CD→D→DA。

13.3 步进电动机应用实例

1. 任务要求

以一个四相步进电动机驱动为例,掌握单片机控制步进电动机的方法。

2. 任务分析

根据前面介绍,可知四相步进电动机有单四拍运行方式(A→B→C→D)、双四拍运行方式(AB→BC→CD→DA→AB)和八拍运行方式(A→AB→B→BC→C→CD→D→DA)。

单片机控制步进电动机的方式,一种可以用 I/O 口输出脉冲控制线圈电流驱动电动机旋转,可分为单四拍、双四拍和八拍工作方式;也可以通过驱动芯片来实现对步进电动机的控制。本实例是以 ULN2003A 驱动模块来实现对步进电动机的控制。ULN2003A 是一个 7 个 NPN 达林顿对组成的反向器电路,即当输入端为高电平时,ULN2003A 输出端为低电平,当输入端为低电平时 ULN2003A 输出端为高电平。ULN2003A 单个达林顿对的集电极电流额定值为 500mA。将达林顿对并联可以提供更高的电流,可应用于继电器驱动器、电锤驱动器、灯驱动器、显示驱动器(LED 和气体放电)、线路驱动器和逻辑缓冲器以及步进电动机的驱动电路。

3. 硬件电路设计

单片机、ULN2003A、步进电动机以及外围电路连接如图 13-4 所示,正转按钮和反转按钮控制步进电动机的旋转方向。步进电动机运行方式采用的是八拍运行。

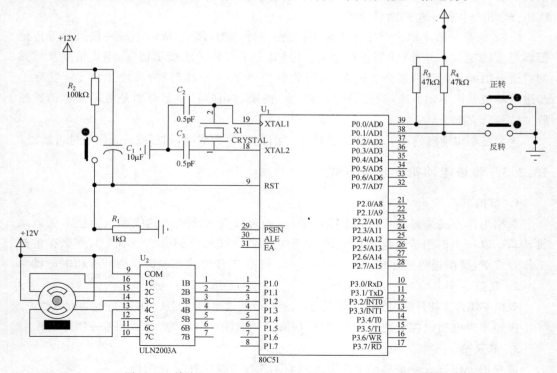

图 13-4 单片机、ULN2003A、步进电动机以及外围电路连接

4. 程序设计

```c
//程序:ex13.1.c
//功能:控制步进电动机
#include <reg52.h>
static unsigned int count;              //计数
static int step_index;                  //步进索引数,值为 0~7
static bit turn;                        //步进电动机转动方向
static bit stop_flag;                   //步进电动机停止标志越大,速度越慢,最小值为1,速度最快
sbit K1 = P0^0;                         //正转按钮
sbit K2 = P0^1;                         //反转按钮
sbit P1_0 = P1^0;
sbit P1_1 = P1^1;
sbit P1_2 = P1^2;
sbit P1_3 = P1^3;
sbit P1_4 = P1^4;
sbit P1_5 = P1^5;
sbit P1_6 = P1^6;
sbit P1_7 = P1^7;
static int spcount;                     //步进电动机转速参数计数
int speedlevel;
void delay(unsigned int endcount);      //延时函数,延时为 endcount×0.5ms
void gorun();                           //步进电动机控制步进函数
//主函数,先进行初始化,默认状态 4 个线圈为停电,开启定时器中断
void main(void)
{
    count = 0;
    step_index = 0;
    spcount = 0;
    stop_flag = 1;                      //初始为线圈停止供电,步进电动机为停止状态
    P1_0 = 0;
    P1_1 = 0;
    P1_2 = 0;
    P1_3 = 0;
    EA = 1;                             //允许 CPU 中断
    TMOD = 0x11;                        //设定时器 0 和 1 为 16 位模式 1
    ET0 = 1;                            //定时器 0 中断允许
    TH0 = 0xFE;
    TL0 = 0x0C;                         //设定时器每隔 0.5ms 中断一次
    TR0 = 1;                            //开始计数
    turn = 0;                           //步进电动机的正、反转控制,0 为正转,1 为反转
    speedlevel = 2;
    delay(10000);
    speedlevel = 1;
    do
    {
        if (K1 == 0)
        {
            turn = 0;                   //如果正转按钮按下,进行正转操作
            stop_flag = 0;              //线圈开始通电
        }
```

```c
            if (K2 == 0)
            {
                turn = 1;              //如果反转按钮按下,进行反转操作
                stop_flag = 0;         //线圈开始通电
            }
            //如果正、反转按钮没有按下,则处于停止状态
            speedlevel = 2;
            //通过定时器函数里赋值 spcount,来调整调用电动机控制函数的间隔,从而实现
            //对步进电动机转速的控制
            delay(10000);
            speedlevel = 1;
            delay(10000);
        }
        while(1);
}

//定时器 0 中断处理,主要是执行四相步进电动机控制函数
void timeint(void) interrupt 1
{
        TH0 = 0xFE;
        TL0 = 0x0C;                //设定时每隔 0.5ms 中断一次
        spcount -- ;               //通过 spcount 来控制 gorun()执行的间隔,从而控制步进电动机速度
        if(spcount <= 0)           //如果 speedlevel = 2,调用 groun()步进电动机控制函数频率就低
        {
            spcount = speedlevel;
            gorun();
        }
}
//延时函数
void delay(unsigned int endcount)
{
        count = 0;
        do
        {}
        while(count < endcount);
}

//四相步进电动机控制函数
void gorun()
{
        if (stop_flag == 1)        //如果为停止状态,则线圈停止通电并返回
        {
            P1_0 = 0;
            P1_1 = 0;
            P1_2 = 0;
            P1_3 = 0;
            return;
        }
        switch(step_index)         //根据具体拍数(八拍),进行对应的线圈通电
        {
            case 0:                //A 线圈通电
```

```c
            P1_0 = 1;
            P1_1 = 0;
            P1_2 = 0;
            P1_3 = 0;
            break;
        case 1:             //AB 线圈通电
            P1_0 = 1;
            P1_1 = 1;
            P1_2 = 0;
            P1_3 = 0;
            break;
        case 2:             //B 线圈通电
            P1_0 = 0;
            P1_1 = 1;
            P1_2 = 0;
            P1_3 = 0;
            break;
        case 3:             //BC 线圈通电
            P1_0 = 0;
            P1_1 = 1;
            P1_2 = 1;
            P1_3 = 0;
            break;
        case 4:             //C 线圈通电
            P1_0 = 0;
            P1_1 = 0;
            P1_2 = 1;
            P1_3 = 0;
            break;
        case 5:             //CD 线圈通电
            P1_0 = 0;
            P1_1 = 0;
            P1_2 = 1;
            P1_3 = 1;
            break;
        case 6:             //D 线圈通电
            P1_0 = 0;
            P1_1 = 0;
            P1_2 = 0;
            P1_3 = 1;
            break;
        case 7:             //DA 线圈通电
            P1_0 = 1;
            P1_1 = 0;
            P1_2 = 0;
            P1_3 = 1;
    }
    if (turn == 0)          //四相步进电动机正转,通电为 A→AB→B→BC→C→CD→D→DA
    {
        step_index++;
        if (step_index > 7)
```

```
                {
                    step_index = 0;
                    stop_flag = 1;   //正转运行八拍后停止
                }
            }
            else                     //四相步进电动机反转,通电为 DA→D→CD→C→BC→B→AB→A
            {
                step_index -- ;
                if (step_index < 0)
                {
                    step_index = 7;
                    stop_flag = 1;   //反转运行八拍后停止
                }
            }
        }
```

5. 任务实施

（1）用 Proteus 软件绘制电路图。

（2）根据电路图在实验箱（或开发板）上连接硬件电路。

（3）在 Keil C51 软件中编写代码并完成编译。

（4）将编译成功后生成的 HEX 文件下载至单片机中,观察运行结果。

本 章 小 结

步进电动机在电子产品、机器人、工业控制等众多领域有着广泛的应用。通过本章学习,可以掌握步进电动机的工作原理和控制方法。

习　　题

1. 查阅资料,举例说明步进电动机在实际中的应用。

2. 比较步进电动机、直流电动机、交流电动机之间的工作原理,说明其区别和各自特点。

3. 为什么本章任务中要用 ULN2003 芯片来驱动步进电动机？

实践作业 13

班级		学号		姓名	
任务要求	修改 13.3 节示例程序,调整步进电动机控制参数,搭建硬件电路并观察运行结果。				
实施过程					

第 14 章　串行口通信控制电路

学习目标
(1) 掌握串行口通信的工作原理。
(2) 掌握串行口控制寄存器的设置方法及对应的通信工作方式。
(3) 掌握串行通信波特率的设置方法。
(4) 掌握串行通信具体应用方法。
(5) 掌握 TTL、RS-232、USB 口之间的串行连接以及相关芯片的工作原理。

通信技术使全世界的计算机(包括单片机)可以相互联系,实现资源共享,为人类的生活提供了极大的方便。尤其是互联网的兴起,更是对人类生活方式和商业模式产生了颠覆性的变革。进入 21 世纪后,物联网、云计算等新兴网络技术的发展更是方兴未艾。随着单片机和嵌入式系统的快速发展,越来越多的物体都会加入互联网。单片机与外界的通信主要是通过串行口来实现的,本章主要介绍单片机串行口通信的基本原理及实际应用。

14.1　数据通信基础

简单来说,通信就是传递信息,最基本的通信方式有并行通信和串行通信两种。并行通信是将数据字节的各位用多条数据线同时进行传送,如图 14-1(a)所示。优点是控制简单,传输速度快。缺点是由于传输线较多,长距离传送时成本高;抗干扰能力差;接收方各位同时接收存在困难。近距离数据传送大多采用并行方式。一些微型计算机系统,比如 PC 与外设系统,由于磁盘、显示器与主机系统的距离有限,所以使用多条电缆线以提高数据传送速度是不错的选择。但是,当计算机之间、计算机与其终端之间的距离比较远,电缆线过多时,并行通信是不经济的。随着技术的发展,通信速度越来越快,很多曾经使用并行口通信的地方,逐渐被串行口通信所代替,比如主机与硬盘、主机与显示器如今都采用 USB 接口的串行通信方式。

单片机串行口通信

图 14-1　通信的基本方式

串行通信是将数据字节分成一位一位的形式,在一条传输线上逐位传送,如图 14-1(b)所示。优点是传输线少,长距离传送时,成本低;抗干扰能力强,适合长距离传送。缺点是控制复杂,传输速度慢。串行通信只用一条数据线传送数据的位信号,即使加上几条通信联络控制线,也用不了几根电缆线。因此,串行通信适合远距离数据的传送,如大型主机与其远程终端之间、处于两地的计算机之间,这时采用串行通信非常经济。当然,串行通信要求有数据格式转换、时间控制等逻辑电路,这些电路目前已被集成在大规模集成电路中(称为可编程串行通信控制器),使用方便。串行通信方式适合长距离的信号传输,例如,用电话线进行通信必须使用串行传输方式。

14.2 串行通信的分类

14.2.1 按通信方式分类

1. 同步通信

同步通信是一种连续传送数据的通信方式,一次通信传送多个字符数据,称为一帧信息,如图 14-2 所示。优点是数据传输速率较高;缺点是通信双方必须建立准确的位定时信号,也就是发送时钟和接收时钟严格保持同步。例如,SPI(全双工)、I^2C(半双工)通信接口。

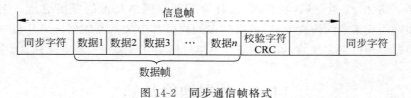

图 14-2 同步通信帧格式

- 同步字符:传送数据前,传送同步字符进行联络。
- 信息帧:包含同步字符、数据帧、校验字符。
- 数据帧:多个数据字节之间没有间隙,连续发送。

2. 异步通信

在异步通信中,数据通常是以字符或字节为单位组成数据帧进行传送的。接收、发送端彼此相互独立,各有一套通信机构。接收端和发送端通信可靠度主要依据标志位与系统通信的波特率。

异步通信的优点是不要求收发双方时钟的严格一致,实现容易,设备开销较小,但是在通信的过程中每个字符都要附加起始位、停止位,甚至还需要加上检验位,而且各帧之间还存在一定的间隔,因此传输效率不高。一个完整的异步数据帧格式如图 14-3 所示。

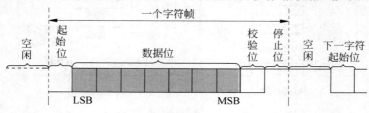

图 14-3 异步通信帧格式

- 起始位：位于数据帧开始，占一位，始终为低电平，标志数据传送的开始，用于表示向接收端开始发送一帧数据。
- 数据位：要传送的字符（或字节），紧跟在起始位之后。用户可根据情况取 5 位、6 位、7 位或 8 位。若所传数据为 ASCII 码字符，则常取 7 位，由低到高依次传送。
- 奇偶校验位：位于数据位之后，仅占一位，用于校验串行发送数据的正确性。可根据需要采用奇校验或偶校验。
- 停止位：位于数据帧末尾，占一位、一位半或两位，为高电平，用于向接收端表示一帧数据已发送完毕。
- 波特率：在串行通信中，一个重要的指标是波特率。通信线上传送的所有信号都保持一致的信号持续时间，每一位的信号持续时间都由数据传送速度确定，而传送速度是以每秒多少个二进制位来衡量的，该速度叫波特率。它反映了串行通信的速率，也反映了对于传输通道的要求。
- 握手信号约定方式：要想保证通信成功，通信双方必须有一系列的约定，它是保证通信正常进行的必要条件，这种约定叫作通信规程或协议，它必须在编程之前确定下来。
- 在串行通信中，有时为了使收发双方有一定的操作间隙，可以根据需要在相邻数据帧之间插入若干空闲位。空闲位和停止位一样也是高电平，表示线路处于等待状态。存在空闲位是异步通信的特征之一。

有了以上数据帧格式规定，发送端和接收端就可以连续协调地传送数据了。也就是说，接收端会知道发送端何时开始发送以及何时结束发送。平时，传输线为高电平，当接收端检测到传输线上发送过来的低电平时，就知道发送端已开始发送；当接收端接收到数据帧中的停止位时，就知道一帧数据已发送完毕。发送端和接收端可以由各自的时钟源控制数据的发送和接收，两个时钟源彼此独立，并不同步。

异步通信因为每帧数据都有起始位和停止位，所以传送数据的速率受到限制，一般为 50~9600b/s。但异步通信对硬件要求较低，因此在数据传送量不大、传送速率要求不高的远距离通信场合得到了广泛应用。

14.2.2 按数据传送方向分类

1. 单工通信

单工通信只支持信号在一个方向上传输（正向或反向），任何时候不能改变信号的传输方向，如图 14-4（a）所示。

2. 半双工通信

半双工通信允许信号在两个方向上传输，但某一时刻只允许信号在一个信道上单向传输，如图 14-4（b）所示。因此，半双工通信实际是一种可切换方向的单工通信。传统的对讲机使用的就是半双工通信方式。

3. 全双工通信

全双工通信允许数据同时在两个方向上传输，即有两个信道，因此允许同时进行双向传输，如图 14-4（c）所示。全双工通信是两个单工通信方式的结合，要求收发双方都有独立的接收和发送能力。全双工通信效率高，控制简单，但造价高。计算机之间的通信是全双工方式。

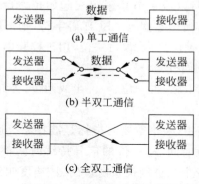

图 14-4　三种通信模式示意图

14.3　电平转换电路

在实际的串行口通信中，接收方和发送方都有各自的接口电路，其电气接口的标准也不尽相同。电气接口中的电平标准用数据 1 和数据 0 表达，是传输线缆中人为规定的电压与数据的对应关系。目前主流的电气标准有 TTL 接口、RS-232 接口、RS-422 接口与 RS-485 接口以及 USB 接口等。PC 上的通信接口有 USB 接口，相应电平逻辑遵照 USB 原则；RS-232 常见为 DB9 接口（九针口），相应电平逻辑遵照 RS-232 原则。而单片机上的串行通信通过单片机的 RxD、TxD、V_{CC}、GND 四个引脚，相应电平逻辑遵照 TTL 原则。此外，常见的总线里还有 RS-422 接口、RS-485 接口。不同的接口采用不同的电平标准，它们之间要实现相互通信，必须实现电平转换，实际使用中通常采用相应的芯片来实现。在 14.6.1 小节里会有芯片详细的使用介绍。

下面具体介绍常见的串行接口的特点及应用场景。

1. TTL 接口

51 单片机便是 TTL 接口。TTL 接口为全双工的串行接口，它以 TTL 电平为标准，输出高电平＞2.4V，输出低电平＜0.4V。在室温下，一般输出高电平是 3.5V，输出低电平是 0.2V，高电平表示逻辑 1，低电平表示逻辑 0。TTL 工艺的芯片负载能力较差，输出电流只有几毫安，抗干扰能力极差，因此 TTL 接口的通信距离非常短，在 9600b/s 的情况下可靠通信距离不到 1m。因其接口的特性与驱动能力限制 TTL 电平接口只适合点对点的通信。

2. RS-232 接口

RS-232 被定义为一种在低速率串行通信中增加通信距离的单端标准。RS-232 采取不平衡传输方式，即所谓单端通信。RS-232 自从由美国电气工业协会（EIA）推荐以来，因为接口和通信协议比较简单，所以在计算机串行通信领域得到了广泛的应用，开发出了大量以 RS-232 为接口的各类产品。但是在许多分布式控制系统和工业局部网络中，常常需要远距离通信，导致 RS-232 应用受到限制。

RS-232 采用的是负逻辑接口标准，逻辑 1 定义为－15～－3V，逻辑 0 定义为 3～15V，通常驱动电流可达几十毫安。由于 RS-232 接口具有的高电压范围与较高的电流驱动能力，所以采用 RS-232 接口的设备之间的通信距离最长可达几十米，在波特率为 9600b/s 的情况下可靠通信距离为 15m。但 RS-232 的发送驱动器内阻较大，通常为 3～7kΩ，因此 RS-232 也只适合点对点的通信。

3. 平衡传输

RS-422、RS-485 与 RS-232 不一样，数据信号采用差分传输方式，也称为平衡传输。它使用一对双绞线，将其中一条线定义为 A，另一条线定义为 B。通常情况下，发送驱动器 A、B 之间的正电平在＋2～＋6V，是一个逻辑状态，负电平在－6～－2V，是另一个逻辑状态。另有一个信号地 C，在 RS-485 中还有一"使能"端，而在 RS-422 中这是可用可不用的。"使能"端是用于控制发送驱动器与传输线的切断与连接。当"使能"端起作用时，发送驱动器处于高阻状态，称为"第三态"，即它是有别于逻辑"1"与"0"的第三态。

接收端也有与发送端相对应的规定，接收端、发送端通过平衡双绞线将 AA 与 BB 对应相连，当在接收端 AB 之间有大于＋200mV 的电平时，输出正逻辑电平；小于－200mV 时，输出负逻辑电平。接收器接收平衡线上的电平范围通常为 200mV～6V。

4. RS-422 接口

RS-422 标准的全称是平衡电压数字接口电路的电气特性，它定义了接口电路的特性。典型的 RS-422 是四线接口，实际上还有一根信号地线，共 5 根线。由于接收器采用高输入阻抗，并且发送驱动器比 RS-232 具有更强的驱动能力，故允许在相同传输线上连接多个接收节点，最多可连接 10 个节点，即一个主设备(Master)，其余为从设备(Salve)，从设备之间不能通信，所以 RS-422 支持点对多的双向通信。接收器的输入阻抗为 4kΩ，因此发送端最大负载能力是 10×4kΩ＋100Ω(终接电阻)。RS-422 四线接口由于采用单独的发送和接收通道，因此不必控制数据方向，各装置之间任何必需的信号交换均可以按软件方式(XON/XOFF 握手)或硬件方式(一对单独的双绞线)实现。

5. RS-485 接口

由于 RS-485 是从 RS-422 基础上发展而来的，所以 RS-485 的许多电气规定与 RS-422 相仿，如都采用平衡传输方式、都需要在传输线上接终接电阻等。RS-485 可以采用二线与四线方式，二线方式可实现真正的多点双向通信，而采用四线连接时，与 RS-422 一样只能实现点对多的通信，即只能有一个主设备，其余为从设备。但它比 RS-422 有改进，无论四线还是二线连接方式，总线上最多可接入 32 个设备。

6. USB 接口

USB(universal serial bus)是一种串行口总线标准，也是一种输入输出接口的技术规范，被广泛应用于个人计算机和移动设备等信息通信产品，并扩展至摄影器材、数字电视(机顶盒)、游戏机等其他相关领域。最新一代是 USB 4，传输速度为 40Gb/s，三段式电压 5V/12V/20V，最大供电功率为 100W，新型 Type C 接口允许正反盲插。

USB 自推出以来，已成功替代串行口和并行口，成为 21 世纪计算机和智能设备的标准扩展接口和必备接口之一，现已发展到 USB 4 版本。USB 具有传输速度快、使用方便、支持热插拔、连接灵活、独立供电等优点，可以连接键盘、鼠标、大容量存储设备等多种外设,该接口也被广泛用于智能手机中。计算机等智能设备与外界数据的交互主要以网络和 USB 接口为主。

14.4 MCS-51 单片机的串行口

MCS-51 单片机的串行口是一个全双工串行通信接口,即能同时进行串行发送和接收数据。它可以用于 UATR(通用异步接收和发送),也可以用于同步移位寄存器。其帧格式可以有 8 位、10 位或 11 位,并能设置各种波特率,因此给使用带来了很大的灵活性。使用串行口可以实现 MCS-51 单片机系统之间点对点的单机通信和 MCS-51 与系统机(如 IBM-PC 等)的单机或多机通信。

14.4.1 MCS-51 串行口通信结构

MCS-51 通过引脚 RxD(P3.0,串行数据接收端)和引脚 TxD(P3.1,串行数据发送端)与外界进行通信,其内部结构如图 14-5 所示。

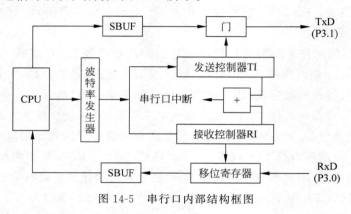

图 14-5 串行口内部结构框图

由图 14-5 可见,串行发送和接收的速率与位移时钟同步。MCS-51 用定时器 T1 或 T2(52 系列)作为串行通信的波特率发生器,T1 溢出率经 2 分频(或不分频)后经 16 分频作为串行发送或接收的位移脉冲,此位移脉冲的速率即为波特率。图 14-5 中有两个物理上独立的接收、发送缓冲器 SBUF,它们占用同一地址 99H,可同时发送、接收数据。发送缓冲器只能写入,不能读出;接收缓冲器只能读出,不能写入。接收器是双缓冲结构,在前一个字节被从接收缓冲器 SBUF 读出之前,第二个字节即开始被接收(串行输入至移位寄存器),但是若第二个字节接收完毕时前一个字节仍未被 CPU 读取,则会丢失前一个字节。对于发送缓冲器,因为发送时 CPU 是主动的,不会产生重叠错误,所以一般不需要用双缓冲结构来保持最大传送速率。

串行口的发送和接收都以特殊功能寄存器 SBUF 的名义进行读或写。当向 SBUF 发出"写"命令时(执行"MOV SBUF,A"指令),即向发送缓冲器 SBUF 装载,并开始由 TxD 引脚向外发送一帧数据,发送完成后,置发送中断标志位 T1=1。

在满足串行口接收中断标志位 RI(SCON.0)=0 的条件下,置允许接收位 REN=1,

就会接收一帧数据进入移位寄存器,并装载到接收 SBUF 中,同时使 RI＝1。当 CPU 发出"读"SUBF 命令时(执行"MOV A,SBUF"指令),便由接收缓冲器(SBUF)取出信息,并通过 MCS-51 内部总线送到 CPU。

14.4.2 串行口控制寄存器

MCS-51 串行口是可编程接口,对它进行初始化编程只用两个控制字分别写入特殊功能寄存器 SCON(98H)和电源控制寄存器 PCON(87H)即可。

1. 串行口控制寄存器 SCON

MCS-51 串行通信的方式选择、接收和发送控制以及串行口的状态标志等均由特殊功能寄存器 SCON 控制和指示,其控制字格式见表 14-1。

表 14-1 SCON 位功能

SCON (98H)	D7	D6	D5	D4	D3	D2	D1	D0
	SM0	SM1	SM2	REN	TB8	RB8	TI	RI

各位的功能定义如下。

(1) SM0 和 SM1(SCON.7、SCON.6):串行口工作方式选择位。两个选择位对应四种通信方式,见表 14-2,其中 f_{OSC} 是振荡频率。

表 14-2 串行口工作方式

SM0	SM1	工作方式	功　　能	波 特 率
0	0	方式 0	8 位同步移位寄存器	$f_{OSC}/12$
0	1	方式 1	10 位异步收发	由定时器 T1 控制
1	0	方式 2	11 位异步收发	$f_{OSC}/32$ 或 $f_{OSC}/64$
1	1	方式 3	11 位异步收发	由定时器 T1 控制

(2) SM2(SCON.5):多机通信控制位,主要用于方式 2 和方式 3。若置 SM2＝1,则允许多机通信。多机通信协议规定,第 9 位数据(D8)为 1,说明本帧数据为地址帧;若第 9 位为 0,则本帧为数据帧。当一片 MCS-51(主机)与多片(从机)通信时,所有从机的 SM2 位都置 1。主机首先发送的一帧数据为地址,即某从机的机号,其中第 9 位装入 RB8 中。各个从机根据收到的第 9 位数据(RB8 中)的值决定从机可否再接收主机的信息。若该位数据为 0,说明是数据帧,则使接收中断标志位 RI＝0,信息丢失;若该位数据为 1,说明是地址帧,则将数据装入 SBUF 并置 RI＝1,中断所有从机。被寻址的目标从机清除 SM2 以接收主机发来的一帧数据。其他从机仍然保持 SM2＝1。若 SM2＝0,不允许多机通信,则接收一帧数据后,不管第 9 位数据是 0 还是 1,都置 RI＝1,接收到的数据装入 SBUF 中。

根据 SM2 的这个功能,可实现多个 MCS-51 单片机应用系统的串行通信。在方式 1 时,若 SM2＝1,则只有接收到有效停止位时,RI 才置 1 以便接收下一帧数据。在方式 0 时,SM2 必须是 0。

(3) REN(SCON.4):允许接收控制位。由软件置 1 或清零,相当于串行接收的开关,只有当 REN=1 时才允许接收;若 REN=0,则禁止接收。

在串行通信接收控制过程中,如果满足 RI=0 和 REN=1,允许接收,接收的一帧数据载入 SBUF 中。

(4) TB8(SCON.3):发送数据的第 9 位(D8),装入 TB8 中。在方式 2 或方式 3 中,根据发送数据的需要由软件置位或复位。在许多通信协议中可用做奇偶校验位,也可在多机通信中作为发送地址帧或数据帧的标志位。对于后者,TB8=1,说明该帧数据为地址;TB8=0,说明该帧数据为数据字节。在方式 0 或方式 1 中,该位未用。

(5) RB8(SCON.2):接收数据的第 9 位。在方式 2 或方式 3 中,接收到的第 9 位数据放在 RB8 位。它或是约定的奇/偶校验位,或是约定的地址/数据标识位。在方式 2 和方式 3 多机通信中,若 SM2=1,RB8=1,则说明收到的数据为地址帧。在方式 1 中,若 SM2=0(即不是多机通信情况),则 RB8 中存放的是已接收到的停止位。在方式 0 中,该位未用。

(6) TI(SCON.1):发送中断标志位。在一帧数据发送完成时被置位,即在方式 0 串行发送第 8 位结束或其他方式串行发送到停止位的开始时由硬件置位,可用软件查询,它同时也申请中断。TI 置位意味着向 CPU 提供"发送缓冲器 SBUF 已空"的信息,CPU 应该准备发送下一帧数据。串行口发送中断被响应后,TI 不会自动清零,必须由软件清零。

(7) RI(SCON.0):接收中断标志位。在接收到一帧有效数据后由硬件置位。在方式 0 中,第 8 位数据发送结束时,由硬件置位;在其他三种方式中,当接收到停止位时,由硬件置位。RI=1,申请中断,表示一帧数据接收结束,并已装入接收 SBUF 中,要求 CPU 取走数据。RI 也必须由软件清零,清除中断申请,并准备接收下一帧数据。

串行发送中断标志 TI 和接收中断标志 RI 是同一个中断源,CPU 不知道是发送中断 TI 还是接收中断 RI 产生的中断请求,所以,在全双工通信时,必须由软件来判别。复位时,SCON 所有位均清零。

2. 电源控制寄存器 PCON

PCON 中只有 SMOD 位与串行口工作有关,见表 14-3。

表 14-3 PCON 位功能

PCON (87H)	D7	D6	D5	D4	D3	D2	D1	D0
	SMOD							

SMOD(PCON.7):波特率倍增位。在串行口方式 1、方式 2 和方式 3 时,波特率和 2^{SMOD} 成正比,即当 SMOD=1 时,波特率提高一倍。复位时,SMOD=0。

14.4.3 串行通信工作方式

根据实际需要,MCS-51 串行口可设置四种工作方式,可有 8 位、10 位或 11 位帧格式。

方式 0 以 8 位数据为一帧,不设起始位和停止位,先发送或接收最低位。其帧格式如下:

…	D0	D1	D2	D3	D4	D5	D6	D7	…

方式 1 以 10 位数据为一帧传输,设有 1 个起始位、8 个数据位和 1 个停止位,其帧格式如下:

…	起始	D0	D1	D2	D3	D4	D5	D6	D7	停止	…

方式 2 和方式 3 以 11 位数据为一帧传输,设有 1 个起始位、8 个数据位、1 个附加第 9 位和 1 个停止位。附加第 9 位(D8)由软件置 1 或清零,发送时在 TB8 中,接收时送入 RB8 中。其帧格式如下:

…	起始	D0	D1	D2	D3	D4	D5	D6	D7	D8	停止	…

下面具体介绍 MCS-51 单片机串行口的四种工作方式。

1. 方式 0

当 SM0、SM1=00 时,选择方式 0。

方式 0 为同步移位寄存器方式,常用于扩展 I/O 口。串行数据通过 RxD 输入或输出,而 TxD 用于输出移位时钟,作为外接部件的同步信号。这种方式不适合用于两个 MCS-51 之间的直接数据通信,但可以通过外接移位寄存器来实现单片机的接口扩展。例如,74LS164 可用于扩展并行输出口,74LS165 可用于扩展并行输入口。在这种方式下,收发的数据为 8 位,低位在前,无起始位、奇偶校验位及停止位,波特率是固定的 $f_{osc}/12$。

当执行任何一条"写"SBUF 指令(如 MOV SBUF,A)时,启动串行数据的发送。移位寄存器的内容由 RxD(P3.0)引脚串行移位输出,移位脉冲由 TxD(P3.1)引脚输出。在发送期间,每隔一个机器周期,发送移位寄存器右移一位,并在其左边补 0。当数据最高位移到移位寄存器的输出位时,由此向左的所有位均为 0,零检测器通知发送控制器进行最后一次移位,并撤销发送有效,同时使发送中断标志 TI 置位。至此,完成了一帧数据发送的全过程。若 CPU 响应中断,则执行从 0023H 开始的串行口发送中断服务程序。

当满足 REN=1(允许接收)且接收中断标志 RI=0 时,就会启动一次接收过程。由 TxD(P3.1)引脚输出移位脉冲,在移位脉冲控制下,接收移位寄存器的内容每一个机器周期左移一位,同时由 RxD(P3.0)引脚接收一位输入信号。在最后一次移位即将结束时,接收移位寄存器的内容送入接收数据缓冲寄存器 SBUF,清除接收信号,置位 SCON 中的 RI,发出中断申请,完成一帧数据的接收过程。若 CPU 响应中断,同样执行从 0023H 开始的串行口接收中断服务程序。

2. 方式 1

方式 1 为 10 位异步串行通信方式。当 SM0、SM1=01 时,串行口选择方式 1。

数据传输波特率由定时器/计数器 T1 的溢出率决定,由 TxD(P3.1)引脚发送数据,由 RxD(P3.0)引脚接收数据。发送或接收一帧信息为 10 位,包括 1 位起始位、8 位数据位(低位在前,高位在后)和 1 位停止位。

当执行任何一条"写"SBUF指令时,启动串行数据的发送。其发送过程与方式0类似,只是方式1发送的数据包含起始位和停止位,共10位数据而不是8位。另外,其波特率也与方式0不同,具体波特率计算见14.4.4小节。

当REN=1且清除RI后,若在RxD(P3.0)引脚上检测到一个1到0的跳变,则立即启动一次接收。如果在第一个时钟周期中接收到的不是0(起始位),说明它不是一帧数据的起始位,则复位接收电路,继续检测RxD(P3.0)引脚上1到0的跳变。如果接收到的是起始位,就将其移入接收移位寄存器,然后接收该帧的其他位。接收到的位从右边移入,当起始位移到最左边时,接收控制器将控制进行最后一次位移,把接收到的9位数据送入接收数据缓冲器SBUF和RB8,并同时对RI置位。

在进行最后一次位移时,能够将数据送入SBUF和RB8。置位RI的条件是:RI=0(即上一帧数据接收时发出的中断请求已被响应,并将SBUF数据取走),SM2=0或接收到的停止位为1。若以上两个条件中有一个不满足,则将不可恢复地丢失接收到的这一帧信息;如果满足上述两个条件,则数据位装入SBUF,停止位装入RB8且置位RI。接收这一帧信息之后,不论上述两个条件是否满足,即不管接收到的信息是否丢失,串行口都将继续检测RxD(P3.0)引脚上1到0的跳变,准备接收新的消息。

3. 方式2和方式3

方式2和方式3均为11位异步串行通信方式。当SM0、SM1=10时,串行口选择方式2;当SM0、SM1=11时,串行口选择方式3。

由TxD(P3.1)引脚发送数据,由RxD(P3.0)引脚接收数据。发送或接收一帧信息为11位,包括1位起始位、8位数据位(低位在前,高位在后)、1位可编程位和1位停止位。发送时可编程位TB8可设置为1或0,接收时可编程位存入SCON寄存器的RB8位。方式2和方式3的不同在于它们的波特率产生方式不同,方式2的波特率是固定的,为振荡频率的1/32或1/64,方式3的波特率则由定时器/计数器T1的溢出率决定。

同样,方式2、方式3的数据发送过程也类似于方式0,只是数据位数及波特率不同。其数据接收过程同方式1。

14.4.4 波特率设计

在串行通信中,收发双方对发送或接收数据的速率有一定的约定。在MCS-51串行口的四种工作方式中,方式0和方式2的波特率是固定的;方式1和方式3的波特率是可变的,由定时器T1的溢出率来决定。串行口的四种工作方式对应三种波特率。由于输入的移位时钟来源不同,所以各种方式的波特率计算公式也不同。

1. 方式0的波特率

由图14-6可见,方式0时,发送或接收一位数据的移位时钟脉冲由S6P2(第6个状态周期,第12个节拍)给出,即每个机器周期产生一个移位时钟,发送或接收一位数据。因此,波特率固定为振荡频率的1/12,并不受PCON寄存器中SMOD位的影响,即

$$\text{方式0的波特率} \backsimeq f_{\text{OSC}}/12$$

注意:符号$\backsimeq$表示左侧的表达式只是引用右侧表达式的数值,即右侧表达式只是提供了一种计算的方法。

图 14-6　串行口方式 0 波特率的产生

2. 方式 2 的波特率

串行口方式 2 波特率的产生与方式 0 不同,即输入时钟源不同,其时钟输入部分如图 14-7 所示。控制接收与发送的移位时钟由振荡频率 f_{OSC} 的第二个节拍 P2 时钟(即 $f_{OSC}/2$)给出,所以方式 2 的波特率取决于 PCON 中 SMOD 位的值。当 SMOD=0 时,波特率为 f_{OSC} 的 1/64;若 SMOD=1,则波特率为 f_{OSC} 的 1/32,即

$$方式 2 的波特率 \cong \frac{f_{OSC} \times 2^{SMOD}}{64}$$

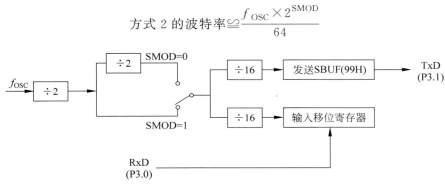

图 14-7　串行口方式 2 波特率的产生

3. 方式 1 和方式 3 的波特率

方式 1 和方式 3 的移位时钟脉冲由定时器 T1 的溢出率决定,如图 14-8 所示。因此,MCS-51 串行口方式 1 和方式 3 的波特率由定时器 T1 的溢出率与 SMOD 值同时决定,即

$$方式 1 和方式 3 的波特率 \cong \frac{T1 的溢出率 \times 2^{SMOD}}{32}$$

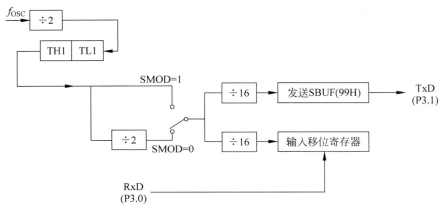

图 14-8　串行口方式 1 和方式 3 波特率的产生

式中,T1 溢出率取决于 T1 的计数速率(计数速率≌$f_{OSC}/12$)和 T1 预置的初值。当定时器 T1 采用方式 1 时,波特率公式为

$$\text{方式 1 和方式 3 的波特率} \cong \frac{\frac{2^{SMOD}}{32} \times \frac{f_{OSC}}{12}}{2^{16} - \text{初值}}$$

定时器 T1 用于波特率的发生器时,通常选用定时器方式 2(自动重装初值定时器)。要设置定时器 T1 为定时方式,让 T1 计数内部振荡脉冲(注意应禁止 T1 中断,以免溢出而产生不必要的中断),需先设定 TH1 和 TL1 定时计数初值为 X,那么每过"$2^{14}-X$"个机器周期,定时器 T1 就会产生一次溢出。因此:

$$\text{T1 溢出率} \cong \frac{f_{OSC}}{12 \times (256-X)}$$

串行口方式 1 和方式 3 的波特率 $\cong \frac{2^{SMOD}}{32} \times \frac{f_{OSC}}{12 \times (256-X)}$

由此,可得出定时器 T1 方式 2 的初始值 X:

$$X \cong 256 - \frac{f_{OSC} \times (SMOD+1)}{384 \times \text{波特率}}$$

系统晶体振荡频率选为 11.0592MHz,就是为了使初值为整数,以产生精确的波特率。

如果串行通信选用很低的波特率,则可将定时器 T1 置于方式 0 或方式 1,即 13 位或 16 位定时方式。注意在这种情况下,T1 溢出时,需用中断服务程序重装初值。中断响应时间和执行指令时间会使波特率产生一定的误差,可用改变初值的方法进行调整。

例如,单片机时钟振荡频率为 11.0592MHz,选用定时器 T1 工作方式 2 作为波特率发生器,波特率为 2400b/s,求初值。

解:设置波特率控制位 SMOD=0

$$X \cong 256 - \frac{11.0592 \times 10^6 \times (0+1)}{384 \times 2400} = 244 = F4H$$

所以,TH1=TL1=F4H。

显然使用上述公式计算波特率比较麻烦,在实际中有很多波特率计算软件可以自动计算出定时器初值。表 14-4 和表 14-5 为串行口工作在方式 1 时分别采用 T1 和 T2 定时器的常用波特率初值。

表 14-4 采用 T1 产生的常用波特率初值

波特率 (11.0592MHz)	初值 TH1、TL1 (SMOD=0)	初值 TH1、TL1 (SMOD=1)	波特率 (12MHz)	初值 TH1、TL1 (SMOD=0)	初值 TH1、TL1 (SMOD=1)
1200	0xE7	0xD0	1200	0xE5	0xCB
2400	0xF3	0xE7	2400	0xF2	0xE5
4800	0xF9	0xF3	4800	0xF9	0xF2
9600	0xFC	0xF9	9600	0xFC	0xF9
14400	0xFD	0xFB	14400	0xFD	0xFB
19200	0xFE	0xFC	19200	0xFE	0xFC

表 14-5 采用 T2 产生的常用波特率初值

波特率 (11.0592MHz)	初	值	波特率 (12MHz)	初	值
	RCAL2H	RCAL2L		RCAL2H	RCAL2L
1200	0xFE	0xE0	1200	0xFE	0xC8
2400	0xFF	0x70	2400	0xFF	0x64
4800	0xFF	0xD8	4800	0xFF	0xB2
9600	0xFF	0xDC	9600	0xFF	0xD9
14400	0xFF	0xE8	14400	0xFF	0xE6
19200	0xFF	0xEE	19200	0xFF	0xED

14.5 串行口调试助手简介

串行口调试助手是一款测试串行口通信的工具软件，可以非常方便地利用 PC 和串行口进行通信测试。在实际使用过程中，如果 PC 没有串行口接口，也可以通过串行口转 USB 口驱动，利用 USB 口模拟串行口使用非常方便。

STC 系列单片机的下载软件 STC-ISP 中自带串行口助手功能，如图 14-9 所示。在软件中主要包含接收/发送缓冲区、单/多字符发送区、串行口设置区等。具体工具简介如下。

图 14-9 串行口调试助手界面

（1）串行口设置。串行口设置包括串行口参数的配置、保存和调入，可以对操作过程信息进行记录，还可以对端口号、通信波特率、数据位、停止位、奇偶校验位和流控制进行设置。

（2）数据发送。数据发送分为"字符格式发送"和"十六进制发送"两种。在数据发送过程中如果不选中"十六进制发送"单选按钮，则以字符方式发送，如果选中"十六进制发送"单选按钮，则以十六进制发送，但必须保证在发送区输入的是十六进制数。单击"自动发送"选项后,会以"间隔"内设置的时间(毫秒数)进行定时发送。每发送一个字符,"发送"计数器累加 1;每接收一个字符,"接收"计数器累加 1。单击"重新计数"按钮可以将"发送"与"接收"计数器清零。单击"清发送缓冲区"按钮可以将发送区内的信息清空。

(3) 数据接收。数据接收分为字符接收和十六进制接收两种方式,默认状态为字符接收方式。当选中"十六进制显示"单选按钮时,在接收区收到的字符以十六进制显示。当需要清空接收区时,可以通过单击"清接收缓冲区"按钮实现。

14.6 串行口通信应用实例

在学习了单片机串行口的基本原理后,本节就单片机与单片机之间以及单片机与 PC 之间的通信分别举例讲解。

14.6.1 任务:单片机与 PC 之间的通信

1. 任务要求

使用 RS-232 九针接口,连接 PC 与电平转换模块,单片机串行口发送数据,PC 串行口助手接收数据。每隔 500ms 发送 1 字节,并要求循环发送 0x00~0xFF 范围的数并在串行口助手中显示。

2. 任务分析

PC 串行口采用的是 RS-232 电平,即 12V 表示逻辑 0,−12V 表示逻辑 1,通信协议同单片机串行口。PC 串行口最早采用 25 针,后来简化为 9 针。现在常见的基本为 9 针,实物如图 14-10 所示。图 14-11 为引脚分布图,不同的引脚有不同的功能,在实际中用得最多的是 2、3 和 5 脚,功能分别为 RxD、TxD 和 GND。在大部分电路中只需要用到这 3 根线。全部的引脚功能见表 14-6。

图 14-10　RS-232 串行口实物图

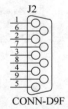

图 14-11　RS-232 串行口引脚分布图

表 14-6　RS-232 串行口引脚功能表

引脚	功　　能	引脚	功　　能
1	载波检测(DCD)	6	数据已准备好(DSR)
2	接收数据(RxD)	7	请求发送(RTS)
3	发送数据(TxD)	8	清除发送(CTS)
4	数据终端已准备好(DTR)	9	振铃指示(RI)
5	信号地线(SG)		

1) 单片机串行口(UART)

单片机串行口采用 TTL 电平,即 0V 表示逻辑 0,5V 表示逻辑 1。通信协议常用的是异步通信,具体数据帧格式由开发人员自定义。单片机串行口通信所用的是 P3.0 口和 P3.1 口,分别表示 RxD(数据接收)和 TxD(数据发送)。

2) 单片机串行口 UART 与 RS-232 串行口之间的转换

单片机串行口 UART 与 RS-232 串行口之间存在不同的逻辑电平和通信协议。因此,要想相互通信,必须对其进行转换。

通过前面的分析可知,单片机串行口与 RS-232 串行口之间的区别仅为逻辑电平不同,一个是 TTL 电平(0V 和 5V),一个是 RS-232 电平(−12V 和 12V)。因此需要对这两个电平进行转换,最常用的转换方式是利用 MAX232 芯片。MAX232 芯片的功能是负责将单片机 TTL 电平和 RS-232 串行口的 RS-232 电平进行物理转换。芯片实物图和引脚功能分别如图 14-12 和图 14-13 所示。

图 14-12　MAX232 芯片实物图

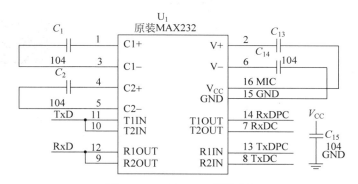

图 14-13　MAX232 引脚功能

利用 MAX232 作为中间桥梁,即可使单片机和 PC 串行口(或者其他采用 RS-232 串行口的设备)进行通信,由于不存在通信协议转换,所以不需要安装驱动程序。图 14-13 中,右侧直接接至 PC 串行口,左侧可通过杜邦线接至单片机相应的引脚即可。

3) 单片机串行口 UART 与 USB 之间的转换

随着技术的发展,现在很多 PC 取消了 RS-232 接口,采用 USB 接口作为外设接口。单片机串行口和 USB 接口虽然都采用 TTL 电平,但两者之间的通信协议不同,所以必须经过转换后才能相互通信。常用的转换芯片有 PL2303 和 CH340,如图 14-14 所示。在市面上可以非常方便地买到转换模块,如图 14-15 所示,模块的 USB 接口可直接接至 PC,

右侧的引脚接至单片机相应的引脚即可。由于存在通信协议之间的差别,所以必须要下载驱动程序,在网上直接搜索 PL2303 驱动程序或 CH340 驱动程序即可。需要注意这些驱动程序与操作系统的版本有关,请根据自己操作系统的版本选择相应的驱动程序进行安装。

(a) PL2303芯片　　(b) CH340芯片

图 14-14　单片机串行口与 USB 转换芯片

图 14-15　单片机串行口转 USB 模块

3. 硬件电路设计

单片机通过 MAX232 芯片进行电平转换后接至 PC 串行口(如 PC 没有串行口,也可利用 USB 接口进行转换,具体介绍请看下节)。接线方式如图 14-16 所示。

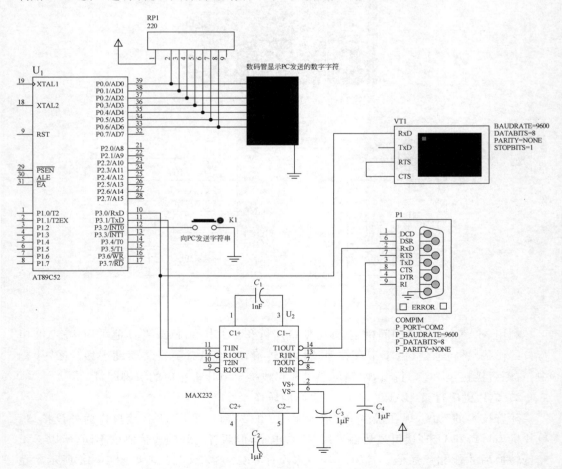

图 14-16　单片机与 PC 通信硬件连接电路图

单片机可接收 PC 发送的数字字符,按下单片机的 K1 键后,单片机可向 PC 发送字符串。在 Proteus 环境下完成本实验时,需要安装 Virtual Serial Port Driver 和串行口调试助手。本任务缓冲 100 个数字字符,缓冲满后新数字从前面开始存放(环形缓冲)。

4. 程序设计

```c
#include<reg52.h>
#define uchar unsigned char
#define uint unsigned int
uchar Receive_Buffer[101];          //接收缓冲
uchar Buf_Index = 0;                //缓冲空间索引
//数码管编码
uchar code DSY_CODE[] = {0x3f,0x06,0x5b,0x4f,0x66,0x6d,0x7d,0x07,0x7f,0x6f,0x00};
//延时
void DelayMS(uint ms)
{
    uchar i;
    while(ms--)
        for(i=0;i<120;i++);
}
//主程序主要完成串行口工作模式设置、波特率设置和数码管显示
void main()
{
    uchar i;
    P0 = 0x00;
    Receive_Buffer[0] =- 1;
    SCON = 0x50;                    //串行口模式1,允许接收
    TMOD = 0x20;                    //T1 工作模式 2
    TH1 = 0xfd;                     //波特率为 9600b/s
    TL1 = 0xfd;
    PCON = 0x00;                    //波特率不倍增
    EA = 1; EX0 = 1; IT0 = 1;
    ES = 1; IP = 0x01;
    TR1 = 1;
    while(1)
    {
        for(i=0;i<100;i++)
        {   //收到 -1 为一次显示结束
            if(Receive_Buffer[i] ==- 1) break;
            P0 = DSY_CODE[Receive_Buffer[i]];
            DelayMS(200);
        }
        DelayMS(200);
    }
}
//串行口接收中断函数
void Serial_INT() interrupt 4
{
```

```c
        uchar c;
        if(RI == 0) return;
        ES = 0;                          //关闭串行口中断
        RI = 0;                          //清除接收中断标志
        c = SBUF;
        if(c >= '0'&&c <= '9')
        {   //缓存新接收的每个字符,并在其后放 -1 为结束标志
            Receive_Buffer[Buf_Index] = c - '0';
            Receive_Buffer[Buf_Index + 1] = -1;
            Buf_Index = (Buf_Index + 1) % 100;
        }
        ES = 1;
    }
    void EX_INT0() interrupt 0          //外部中断 0
    {
        uchar *s = "这是由 8051 发送的字符串!\r\n";
        uchar i = 0;
        while(s[i] != '\0')
        {
            SBUF = s[i];
            while(TI == 0);
            TI = 0;
            i++;
        }
    }
```

5. 任务实施

(1) 用 Proteus 软件绘制电路图。

(2) 根据电路图在实验箱(或开发板)上连接硬件电路。

(3) 在 Keil C51 软件中编写代码并完成编译。

(4) 将编译成功后生成的 HEX 文件下载至单片机中,观察运行结果。

14.6.2 任务:单片机与单片机相互通信

1. 任务要求

甲机通过串行口控制乙机 LED,甲机负责向外发送控制命令字符"A""B""C",或者停止发送,乙机根据接收的字符完成 LED1 闪烁、LED2 闪烁、双闪烁或停止闪烁。

2. 任务分析

在本任务中,甲机负责发送,乙机负责接收,所以乙机的控制模式要设置为 SCON=0x50。甲机和乙机要分别编写程序,然后下载到相应的单片机中。

3. 硬件电路设计

两个单片机通过 MAX232 芯片转换为串行口通信,然后通过串行口相互连接在一起,如图 14-17 所示。

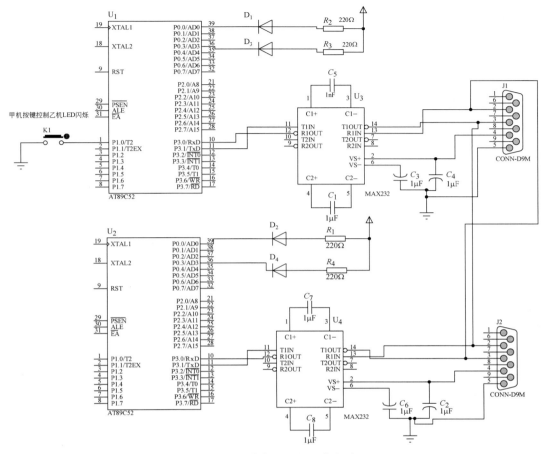

图 14-17　串行口双机通信电路

4. 程序设计

```
//(甲机)
#include <reg52.h>
#define uchar unsigned char
#define uint unsigned int
sbit LED1 = P0^0;
sbit LED2 = P0^3;
sbit K1 = P1^0;
//延时
void DelayMS(uint ms)
{
    uchar i;
    while(ms--) for(i = 0; i < 120; i++);
}
//向串行口发送字符
void Putc_to_SerialPort(uchar c)
{
    SBUF = c;
```

```c
        while(TI == 0);
        TI = 0;
}
//主程序完成串行口模式设置、波特率设置、按键发送不同的字符程序
void main()
{
    uchar Operation_No = 0;
    SCON = 0x40;                //串行口模式 1
    TMOD = 0x20;                //T1 工作模式 2
    PCON = 0x00;                //波特率不倍增
    TH1 = 0xfd;
    TL1 = 0xfd;
    TI = 0;
    TR1 = 1;
    while(1)
    {
        if(K1 == 0)             //按下 K1 键时选择操作代码 0、1、2、3
        {
            while(K1 == 0);
            Operation_No = (Operation_No + 1) % 4;
        }
        switch(Operation_No)    //根据操作代码发送 A、B、C 或停止发送
        {
            case 0:LED1 = LED2 = 1;
                break;
            case 1:Putc_to_SerialPort('A');
                LED1 = ~LED1;LED2 = 1;
                break;
            case 2:Putc_to_SerialPort('B');
                LED2 = ~LED2;LED1 = 1;
                break;
            case 3:Putc_to_SerialPort('C');
                LED1 = ~LED1;LED2 = LED1;
                break;
        }
        DelayMS(100);
    }
}
//参考程序
//(乙机)
#include<reg52.h>
#define uchar unsigned char
#define uint unsigned int
sbit LED1 = P0^0;
sbit LED2 = P0^3;
//延时
void DelayMS(uint ms)
{
    uchar i;
    while(ms--) for(i = 0;i < 120;i++);
}
```

```c
//主程序完成串行口工作模式、波特率设置,以及接收到字符后,LED闪烁的不同场景
void main()
{
    SCON = 0x50;                            //串行口模式1,允许接收
    TMOD = 0x20;                            //T1 工作模式 2
    PCON = 0x00;                            //波特率不倍增
    TH1 = 0xfd;                             //波特率 9600
    TL1 = 0xfd;
    RI = 0;
    TR1 = 1;
    LED1 = LED2 = 1;
    while(1)
    {
        if(RI)                              //如收到则 LED 闪烁
        {
            RI = 0;
            switch(SBUF)                    //根据所收到的不同命令字完成不同动作
            {
                case 'A':LED1 = ~LED1;LED2 = 1;break;    //LED1 闪烁
                case 'B':LED2 = ~LED2;LED1 = 1;break;    //LED2 闪烁
                case 'C':LED1 = ~LED1;LED2 = LED1;       //双闪烁
            }
        }
        else LED1 = LED2 = 1;                            //关闭 LED
        DelayMS(100);
    }
}
```

5. 任务实施

(1) 用 Proteus 软件绘制电路图。

(2) 根据电路图在实验箱(或开发板)上连接硬件电路。

(3) 在 Keil C51 软件中编写代码并完成编译。

(4) 将编译成功后生成的 HEX 文件下载至单片机中,观察运行结果。

本 章 小 结

通信是单片机与计算机或其他电子产品进行互联的渠道。当前,通信的方式和协议众多,单片机由于结构比较简单,采用的一般是串行口通信的方式,在实际中除了串行口通信,还有 USB、RS-485、GPRS 等众多通信方式。

习 题

1. 串行通信和并行通信的区别是什么？分别用在哪些场合？
2. 什么是通信协议？有什么作用？
3. 常见的串行通信协议有哪些？各有什么优缺点？

实践作业 14

班级		学号		姓名	
任务要求		1. 通过串行口助手实现单片机与计算机的通信。 2. 实现两个单片机之间的数据通信。			
实施过程					

第3部分 综合实例

本部分以电子钟等电路为实例,利用单片机设计复杂的电路,训练学生的综合应用能力。在课时允许的情况下,可选择其中一个或多个实例作为课程设计案例。

第 15 章 电子钟的仿真设计

电子数字钟是采用数字电路实现对时、分、秒数字显示的计时装置,广泛用于个人家庭、车站、码头、办公室等场所,是人们日常生活中的必需品。由于数字集成电路的发展和石英晶体振荡器的广泛应用,使得电子数字钟的精度远远超过老式钟表。钟表的数字化给人们的生产生活带来了极大的方便,而且大大扩展了钟表原先的报时功能。诸如定时自动报警、按时自动打铃、时间程序自动控制、定时广播、自动开关路灯、定时开关烘箱、通断动力设备,甚至各种定时电气的自动启用等,所有这些都是以钟表数字化为基础的。因此,研究电子时钟及扩大其应用,有着非常现实的意义。电子钟实物如图 15-1 所示。

图 15-1 电子钟实物图

15.1 设 计 说 明

本项目主要以 STC89C52 单片机为控制核心,外围设备由 LCD 显示模块、时钟模块等组成,通过与 DS1302 通信获取实时时间,并将得到的数据通过 1602 液晶显示出来。系统结构框图如图 15-2 所示。

DS1302 是一种高性能、低功耗的实时时钟芯片,附加 31 字节静态 RAM,采用 SPI 三线接口与 CPU 进行通信,并可采用突发方式一次传送多个字节的时钟信号和 RAM 数据。实时时钟可显示秒、分、时、日、星期、月和年,一个月小于 31 天时可以自动调整,且具有闰年补偿功能。工作电压宽达 2.5~5.5V。采用双电源供电(主电源和备用电源),可设置备用电源充电方式,提供了对后备电源进行涓细电流充电的能力。

图 15-2 电子钟系统结构框图

DS1302 引脚及接线图如图 15-3 所示，DS1302 引脚分配图如图 15-4 所示，DS1302 引脚功能描述见表 15-1。

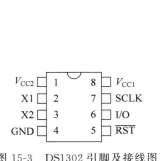

图 15-3　DS1302 引脚及接线图

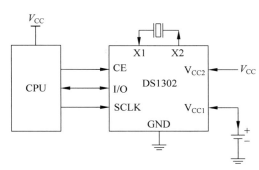

图 15-4　DS1302 引脚分配图

表 15-1　DS1302 引脚功能描述

引　　脚	功　　能
X1、X2	32.768kHz 晶振管脚
GND	地
$\overline{RST}$	复位脚
I/O	数据输入/输出引脚
SCLK	串行时钟
V_{CC1}、V_{CC2}	电源供电管脚

DS1302 的引脚排列中，V_{CC2} 为主电源，V_{CC1} 为后备电源。在主电源关闭的情况下，也能保持时钟的连续运行。DS1302 由 V_{CC1} 或 V_{CC2} 两者中的较大者供电，当 V_{CC2} 大于 $V_{CC1}+0.2V$ 时，V_{CC2} 给 DS1302 供电；当 V_{CC2} 小于 V_{CC1} 时，DS1302 由 V_{CC1} 供电。X1 和 X2 是振荡源，外接 32.768kHz 晶振。RST 是复位/片选线，通过把 RST 输入驱动置高电平来启动所有的数据传送。

RST 输入有两种功能：首先，RST 接通控制逻辑，允许地址/命令序列送入移位寄存器；其次，RST 提供终止单字节或多字节数据传送的方法。当 RST 为高电平时，所有的数据传送被初始化，允许对 DS1302 进行操作；如果在传送过程中 RST 置为低电平，则会终止此次数据传送，I/O 引脚变为高阻态。上电运行时，在 $V_{CC} \geqslant 2.0V$ 之前，RST 必须保持低电平，只有在 SCLK 为低电平时，才能将 RST 置为高电平。I/O 为串行数据输入输出端（双向）。SCLK 为时钟输入端。

15.2　硬件设计

DS1302 的 I/O 引脚连接单片机的 P1.0 引脚，SCLK 引脚连接单片机的 P1.1 引脚，RST 引脚连接单片机的 P1.2 引脚。LCD 的 RS 引脚连接单片机的 P2.0 引脚，RW 引脚连接单片机的 P2.1 引脚，E 引脚连接单片机的 P2.2 引脚，D0~D7 连接单片机的 P0 口，单片机的 P0 口接上拉电阻。硬件连接图如图 15-5 所示。

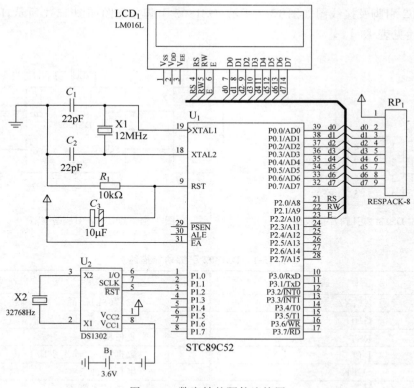

图 15-5 数字钟的硬件连接图

15.3 软 件 设 计

15.3.1 DS1302 有关日历、时间的寄存器

表 15-2 为 DS1302 内部 7 个与时间、日期有关的寄存器和一个写保护寄存器,下面将初始设置的时间、日期数据写入这几个寄存器,然后不断地读取这几个寄存器来获取实时时间和日期。

表 15-2 寄存器

READ	WRITE	BIT 7	BIT 6	BIT 5	BIT 4	BIT 3	BIT 2	BIT 1	BIT 0	RANGE
81h	80h	CH	\multicolumn{3}{c}{10Seconds}			\multicolumn{3}{c}{Seconds}			00-59
83h	82h		10Minutes				Minutes			00-59
85h	84h	12/$\overline{24}$	0	10 AM/$\overline{PM}$	Hour	Hour				1-12/0-23
87h	86h	0	0	10Date		Date				1-31
89h	88h	0	0	0	10Month	Month				1-12
8Bh	8Ah	0	0	0	0	0	Day			1-7
8Dh	8Ch	10Year				Year				00-99
8Fh	8Eh	WP	0	0	0	0	0	0	0	—
91h	90h	TCS	TCS	TCS	TCS	DS	DS	RS	RS	—

寄存器的说明如下。

（1）秒寄存器(81h、80h)的位 7 定义为时钟暂停标志(CH)。当初始上电时位 7 置为 1，时钟振荡器停止，DS1302 处于低功耗状态；只有将秒寄存器的位 7 改写为 0 时，时钟才能开始运行。

（2）小时寄存器(85h、84h)的位 7 用于定义 DS1302 是 12 小时运行模式还是 24 小时运行模式。当为高时，选择 12 小时模式。在 12 小时模式时，当位 5 为 1，表示 PM。在 24 小时模式时，位 5 是第二个 10 小时位。

（3）控制寄存器(8Fh、8Eh)的位 7 是写保护位(WP)，其他 7 位均置为 0。在对任何的时钟和 RAM 的写操作之前，WP 位必须为 0。当 WP 位为 1 时，写保护位防止对任一寄存器的写操作。也就是说，在电路上电的初始态 WP 是 1 时，不能改写上面任何一个时间寄存器，只有首先将 WP 改写为 0，才能进行其他寄存器的写操作。

15.3.2 DS1302 读/写时序

DS1302 是 SPI 总线驱动方式。它不仅要向寄存器写入控制字，还需要读取相应寄存器的数据。要想与 DS1302 通信，首先要了解 DS1302 的控制字。DS1302 的控制字如图 15-6 所示。控制字的最高有效位(位 7)必须是逻辑 1，如果为 0，则不能把数据写入 DS1302 中。

7	6	5	4	3	2	1	0
1	RAM/$\overline{CK}$	A4	A3	A2	A1	A0	RD/$\overline{WR}$

图 15-6　地址/控制字节

位 6：如果为 0，则表示存取日历时钟数据；为 1 表示存取 RAM 数据。

位 5 至位 1(A4～A0)：指示操作单元的地址。

位 0(最低有效位)：如为 0，表示要进行写操作；为 1 表示进行读操作。

（1）读数据：读数据时在紧跟 8 位控制字指令后的下一个 SCLK 脉冲的下降沿，读出 DS1302 的数据，读出的数据是从最低位到最高位。

（2）写数据：控制字总是从最低位开始输出。在控制字指令输入后的下一个 SCLK 时钟的上升沿时，数据被写入 DS1302。数据输入也是从最低位(0 位)开始。

15.3.3 DS1302 的数据读/写

DS1302 的数据读/写是通过 I/O 串行进行的。当进行一次读/写操作时最少需读/写 2 字节，第一字节是控制字节，就是一个命令，告诉 DS1302 是读还是写操作，是对 RAM 还是对 CLOK 寄存器操作，以及操作地址；第二字节就是要读或写的数据了。

（1）单字节写：在进行操作之前需要先将 CE(也可说是 RST)置高电平，然后单片机将控制字的位 0 放到 I/O 上，当 I/O 的数据稳定后，将 SCLK 置高电平，DS1302 检测到 SCLK 的上升沿后读取 I/O 上的数据，然后单片机将 SCLK 置为低电平，再将控制字的位 1 放到 I/O 上，如此反复，将 1 字节控制字的 8 位传给 DS1302。接下来继续传 1 字节的数据给 DS1302，当传完数据后，单片机将 CE 置为低电平，操作结束。

（2）单字节读：单字节读操作开始时的写控制字的过程和单字节写操作是一样的，但是单字节读操作在写控制字的最后一位,SCLK 还在高电平时,DS1302 就将数据放到 I/O 上,单片机将 SCLK 置为低电平后数据锁存,单片机就可以读取 I/O 上的数据了。如此反复,将 1 字节的数据读入单片机。

读与写操作的不同就在于,写操作是在 SCLK 低电平时单片机将数据放到 I/O 上,当 SCLK 到上升沿时,DS1302 读取。而读操作是在 SCLK 高电平时 DS1302 放数据到 I/O 上,将 SCLK 置为低电平后,单片机就可从 I/O 上读取数据了。读/写时序如图 15-7 所示。

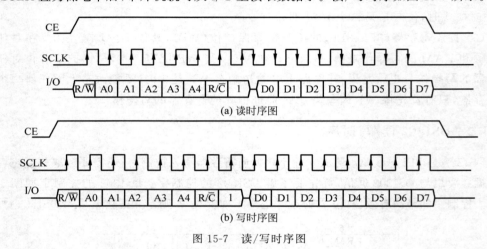

图 15-7 读/写时序图

对 DS1302 进行操作,把时钟信息显示在 1602LCD 上,步骤如下:
(1) 通过 8EH 将写保护去掉,将日期、时间的初值写入各个寄存器。
(2) 对 80H、82H、84H、86H、88H、8AH、8CH 进行初值的写入,同时通过秒寄存器将位 7 的 CH 值改成 0,这样 DS1302 就开始走时。
(3) 将写保护寄存器再写为 80H,防止误改写寄存器的值。
(4) 不断读取 80H~8CH 的值,将它们格式化后显示到 1602LCD 液晶上。

程序参考代码如下:

```
#include <reg52.h>
#include <intrins.h>
#include <string.h>
#define uint unsigned int
#define uchar unsigned char
sbit IO = P1^0;
sbit SCLK = P1^1;
sbit RST = P1^2;
sbit RS = P2^0;
sbit RW = P2^1;
sbit EN = P2^2;
uchar * WEEK[] =
{
    "SUN"," *** ","MON","TUS","WEN","THU","FRI","SAT"
};
uchar LCD_DSY_BUFFER1[] = {"DATE 00 - 00 - 00     "};
```

```c
uchar LCD_DSY_BUFFER2[] = {"TIME 00:00:00        "};
uchar DateTime[7];
void DelayMS(uint ms)
{
    uchar i;
    while(ms--)
    {
        for(i = 0;i < 120;i++);
    }
}
void Write_A_Byte_TO_DS1302(uchar x)
{
    uchar i;
    for(i = 0;i < 8;i++)
    {
        IO = x&0x01;SCLK = 1;SCLK = 0;x >>= 1;
    }
}
uchar Get_A_Byte_FROM_DS1302()
{
    uchar i,b = 0x00;
    for(i = 0;i < 8;i++)
    {
        b |= _crol_((uchar)IO,i);
        SCLK = 1;SCLK = 0;
    }
    return b/16 * 10 + b % 16;
}
uchar Read_Data(uchar addr)
{
    uchar dat;
    RST = 0;SCLK = 0;RST = 1;
    Write_A_Byte_TO_DS1302(addr);
    dat = Get_A_Byte_FROM_DS1302();
    SCLK = 1;RST = 0;
    return dat;
}
void GetTime()
{
    uchar i,addr = 0x81;
    for(i = 0;i < 7;i++)
    {
        DateTime[i] = Read_Data(addr);addr += 2;
    }
}
uchar Read_LCD_State()
{
    uchar state;
    RS = 0;RW = 1;EN = 1;DelayMS(1);
    state = P0;
    EN = 0;DelayMS(1);
```

```c
        return state;
}
void LCD_Busy_Wait()
{
    while((Read_LCD_State()&0x80) == 0x80);
    DelayMS(5);
}
void Write_LCD_Data(uchar dat)
{
    LCD_Busy_Wait();
    RS = 1;RW = 0;EN = 0;P0 = dat;EN = 1;DelayMS(1);EN = 0;
}
void Write_LCD_Command(uchar cmd)
{
    LCD_Busy_Wait();
    RS = 0;RW = 0;EN = 0;P0 = cmd;EN = 1;DelayMS(1);EN = 0;
}
void Init_LCD()
{
    Write_LCD_Command(0x38);
    DelayMS(1);
    Write_LCD_Command(0x01);
    DelayMS(1);
    Write_LCD_Command(0x06);
    DelayMS(1);
    Write_LCD_Command(0x0c);
    DelayMS(1);
}
void Set_LCD_POS(uchar p)
{
    Write_LCD_Command(p|0x80);
}
void Display_LCD_String(uchar p,uchar * s)
{
    uchar i;
    Set_LCD_POS(p);
    for(i = 0;i < 16;i++)
    {
        Write_LCD_Data(s[i]);
        DelayMS(1);
    }
}
void Format_DateTime(uchar d,uchar * a)
{
    a[0] = d/10 + '0';
    a[1] = d%10 + '0';
}
void main()
{
    Init_LCD();
    while(1)
```

```
    {
        GetTime();
        Format_DateTime(DateTime[6],LCD_DSY_BUFFER1 + 5);
        Format_DateTime(DateTime[4],LCD_DSY_BUFFER1 + 8);
        Format_DateTime(DateTime[3],LCD_DSY_BUFFER1 + 11);
        strcpy(LCD_DSY_BUFFER1 + 13,WEEK[DateTime[5]]);
        Format_DateTime(DateTime[2],LCD_DSY_BUFFER2 + 5);
        Format_DateTime(DateTime[1],LCD_DSY_BUFFER2 + 8);
        Format_DateTime(DateTime[0],LCD_DSY_BUFFER2 + 11);
        Display_LCD_String(0x00,LCD_DSY_BUFFER1);
        Display_LCD_String(0x40,LCD_DSY_BUFFER2);
    }
}
```

本 章 小 结

电子钟是一个常见的电子产品,其计时准确、功能齐全、价格便宜,是一款非常优秀的计时产品,有着广泛的应用。电子钟虽然功能众多,但通过 DS1302 芯片,其硬件电路和软件编程都变得相对简单,可以作为单片机初学者很好的设计案例。

习　　题

1. 说明电子钟的硬件模块的组成,其功能分别是什么。
2. 如何通过程序代码控制 DS1302 芯片?

实践作业 15

班级		学号		姓名	
任务要求	搭建硬件电路,编写程序,实现电子钟的各项功能。					
实施过程					

第 16 章 直流电动机调速系统仿真设计

传统的直流电动机一直在电动机驱动系统中占据主导地位,直流电动机闭环调速系统是现代工业最常用的调速系统之一,作为最常用的调速设备,闭环调速系统拥有良好的平稳性、较宽的调速范围等特性,已经在国内外尤其是电力拖动领域被广泛使用。

16.1 设计说明

16.1.1 L298N 介绍

L298N 是一款接受高电压的电动机驱动器,直流电动机和步进电动机都可以驱动,实物如图 16-1 所示。一片驱动芯片可同时控制两个直流减速电动机做不同动作,在 6～46V 的电压范围内,提供 2A 的电流,并且具有过热自断和反馈检测功能。L298N 可对电动机进行直接控制,通过主控芯片的 I/O 输入对其控制电平进行设定,就可为电动机进行正转反转驱动,操作简单、稳定性好,可以满足直流电动机的大电流驱动条件。

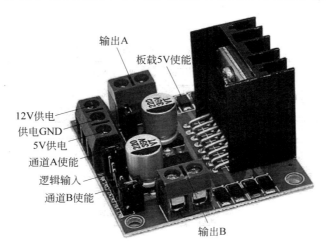

图 16-1 L298N 模块的实物图

16.1.2 L298N 对直流电动机控制

使用直流/步进两用驱动器 L298N 可以驱动两台直流电动机,如图 16-2 所示。L298N 模块左右两端分别可以接入一个直流电动机,由于直流电动机不分正负,所以怎样接都是可以的。引脚 ENA、ENB 可用于输入 PWM 脉宽调制信号对电动机进行调速控制(如果无须调速可将两引脚接 5V,使电动机工作在最高速状态)。输入信号端 IN1 接高电平,输入端 IN2 接低电平,电动机 M1 正转(如果信号端 IN1 接低电平,IN2 接高电平,电动机 M1 反转)。控制另一台电动机是同样的方式,输入信号端 IN3 接高电平,输入端 IN4 接低电平,电动机 M2 正转(反之则反转)。

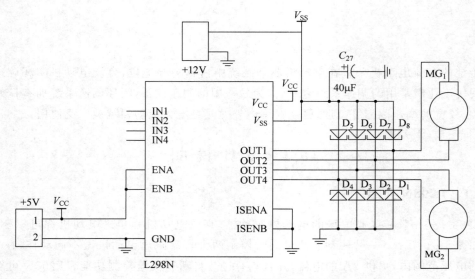

图 16-2 L298N 控制直流电动机原理图

表 16-1 和表 16-2 所示为控制信号逻辑,其中 0 为低电平、1 为高电平、× 为任意电平,悬空时为高电平。

表 16-1 电动机 1 接口控制信号逻辑

IN1	IN2	ENA	OUT1、OUT2 输出
0	0	×	刹车
1	1	×	悬空
1	0	PWM	正转调速
0	1	PWM	反转调速
1	0	1	全速正转
0	1	1	全速反转

表 16-2 电动机 2 接口控制信号逻辑

IN3	IN4	ENB	OUT3、OUT4 输出
0	0	×	刹车
1	1	×	悬空
1	0	PWM	正转调速
0	1	PWM	反转调速
1	0	1	全速正转
0	1	1	全速反转

16.1.3 L298N 使用注意事项

L298N 用于驱动电动机,功率较大,在使用过程中注意事项如下。

(1) 驱动器电源不能接反,建议在电源接口处串联 15A 保险丝,电压应为 6.5～27V。若电压超压,上电可能烧毁驱动模块。

(2) 建议电源额定输出电流在电动机额定电流 2 倍以上,以免电源无法提供电动机启动时所需电流导致电源电压跌落,使电源电压达不到驱动器要求的输入电压,从而驱动模块进行欠压保护关断输出导致电动机出现停顿现象。

(3) 电动机接口不能短路,否则可能烧掉驱动模块,建议在电动机接口处串联 10A 保险丝。

(4) 在正反转切换时需先刹车 0.1s 以上再反转,不能在电动机还未停下来时换向,否则可能损坏驱动器。

(5) 驱动模块掉电时,不要直接或间接高速旋转电动机,否则电动机产生的电动势可能烧毁驱动模块。如果需要在驱动模块掉电时高速转动电动机,建议在驱动器的电动机接口串联一个继电器,继电器线圈与驱动器共电源。这样,当电源掉电时,继电器就会断开驱动器与电动机的连接。

(6) 注意驱动器不要受潮,不要让驱动器板上的元件短路,不要用手触摸板上元件的引脚和焊盘。

16.2 硬 件 设 计

采用 L298N 电动机驱动模块驱动直流电动机,电动机驱动模块的 IN1 经反相后和 IN2 接单片机的 P1.0 引脚,ENA 接单片机的 P1.1 引脚,OUT1 和 OUT2 接直流电动机,直流电动机的编码器输出接单片机的 P3.4 引脚,如图 16-3 所示。

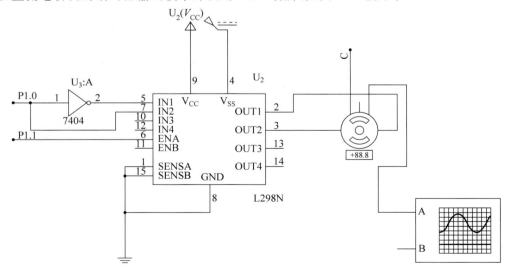

图 16-3 直流电动机调速系统硬件原理图

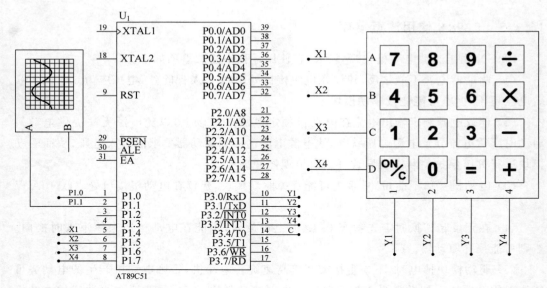

图 16-3(续)

采用一块矩阵键盘作为输出，矩阵键盘的"＋"作为电动机的加速按钮，矩阵键盘的"－"作为电动机的减速按钮，矩阵键盘的＝号作为电动机的顺时针旋转控制按钮，矩阵键盘的"ON/C"作为电动机的逆时针旋转控制按钮。

16.3 软件设计

PWM(pulse width modulation)是指将输出信号的基本周期固定，通过调整基本周期内工作周期的大小来控制输出功率的方法。在 PWM 驱动控制的调整系统中，按一个固定的频率接通和断开电源，并根据需要改变一个周期内"接通"和"断开"时间的长短。因此，PWM 又被称为"开关驱动装置"。在脉冲作用下，当电动机通电时，速度增加；电动机断电时，速度逐渐减少。只要按一定规律改变通电、断电的时间，即可让电动机转速得到控制。

在程序中，通常使用 GeyKey() 函数读取矩阵键盘的键值。读取后，根据键值调节电动机的加减速以及电动机的正反转。我们使用 P1_1＝0；delay(160－a)；P1_1＝1;delay(a)；这几行代码控制单片机 P1.1 引脚输出 PWM 脉冲波形，通过调整 a 参数控制 PWM 输出占空比的值。因为单片机的 P1.1 引脚接的是 L298N 的 ENA 引脚，所以可以实现 PWM 对直流电动机的调速。

程序参考代码如下：

```
#include <At89x51.h>
#include <stdio.h>
#include <intrins.h>
#define ulong unsigned long
#define uint unsigned int
#define uchar unsigned char
uchar key = 0;
uint a = 100;
```

```c
uchar n = 5;
uchar GeyKey();
void delay(uchar i);
void control();
main()
{
    P1_1 = 0;
    while(1)
    {
      if(a> = 150)
          a = 150;
            if(a< = 10)
               a = 10;
            P1_1 = 0;
            delay(160 - a);
            P1_1 = 1;
            delay(a);
            key = GeyKey();
            if(key == ' - ')        a -= n;
            else if(key == ' + ')   a += n;
            else if(key == ' = ')   P1_0 = 1;
            else if(key == 'c') P1_0 = 0;
    }
}
uchar GeyKey()
{
    P1_4 = 0;
    P1_5 = 1;
    P1_6 = 1;
    P1_7 = 1;
    P3_0 = 1;
    P3_1 = 1;
    P3_2 = 1;
    P3_3 = 1;
    _nop_();_nop_();
    if(!P3_0)return '7';
    if(!P3_1)return '8';
    if(!P3_2)return '9';
   if(!P3_3)return '/';
    P1_4 = 1;
    P1_5 = 0;
    P1_6 = 1;
    P1_7 = 1;
    _nop_();_nop_();
    if(!P3_0)return '4';
    if(!P3_1)return '5';
    if(!P3_2)return '6';
    if(!P3_3)return ' * ';
    P1_4 = 1;
    P1_5 = 1;
    P1_6 = 0;
```

```
        P1_7 = 1;
        _nop_();_nop_();
        if(!P3_0)return '1';
        if(!P3_1)return '2';
        if(!P3_2)return '3';
        if(!P3_3)return '-';
        P1_4 = 1;
        P1_5 = 1;
        P1_6 = 1;
        P1_7 = 0;
        _nop_();_nop_();
        if(!P3_0)return 'c';
        if(!P3_1)return '0';
        if(!P3_2)return '=';
        if(!P3_3)return '+';
        return 0;
}
void delay(uchar i)
{   uchar j,k;
    for(;i>0;i--)
    for(j=15;j>0;j--)
    for(k=11;k>0;k--);
}
```

本 章 小 结

直流电动机在工业生产中有着重要的应用,利用 L298N 芯片,可以使 51 单片机轻松控制直流电动机,实现电动机调速或正反转等控制。

习 题

1. 查阅资料,深入了解直流电动机的工作原理和应用场合。
2. PWM 调制的原理是什么?

实践作业 16

班级		学号		姓名	
任务要求	搭建硬件电路,编写程序,实现直流电动机的控制。					
实施过程						

第17章 红外电子体温枪的设计与制作

温度测量技术应用十分广泛,但在某些应用领域,例如人体测温时,经常要求测量温度用的传感器不能与人体接触,这就需要一种非接触的测温方式来满足上述测温需求。红外体温枪与传统的测温方式相比,具有响应时间短、非接触、不干扰被测温场、使用寿命长、操作方便等一系列优点。

本章以《基于单片机的红外电子体温枪》为例说明一个单片机项目开发的过程。本项目介绍了红外体温计测温的基本原理和实现方法,提出了以STC89C52单片机为核心控制部件的红外测温系统。详细介绍了该系统的构成和实现方式,给出了硬件原理图和软件的设计流程图。

17.1 设 计 说 明

17.1.1 红外测温原理

1800年,赫胥尔发现了红外线,自然界中一切高于绝对零度的物体都在不停向外辐射能量,物体的温度越高,所发出的红外辐射能力越强。红外线光谱范围如图17-1所示。

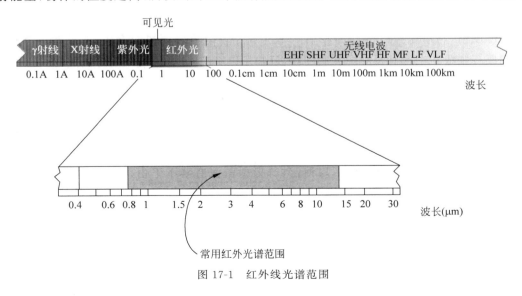

图 17-1 红外线光谱范围

红外测温的原理就是感受红外辐射的强度,从而计算出所对应的温度。

非接触式红外测温也叫辐射测温,一般使用热电型或光电探测器作为检测元件。此温度测量系统比较简单,可以实现大面积的测温,也可以是被测物体上某一点的温度测量;可以是便携式,也可以是固定式,并且使用方便;它的制造工艺简单,成本较低,测温时不接触被测物体,具有响应时间短、不干扰被测温场、使用寿命长、操作方便等一系列优点。但利用红外辐射测量温度,必然会受到物体发射率、测温距离、烟尘和水蒸气等外界因素的影响,故其测量误差较大。

在这种温度测量技术中,红外温度传感器的选择非常重要,而且不仅在点温度测量中会使用红外温度传感器,大面积温度测量也可以使用红外温度传感器。本设计采用红外温度传感器,具有温度分辨率高、响应速度快、不扰动被测目标温度分布场、测量精度高和稳定性好等优点。另外,红外温度传感器的种类较多,发展迅速,技术比较成熟,这也是本设计采用红外温度传感器设计非接触温度测量仪的主要原因之一。

红外温度传感器按照测量原理可以分为两类:光电红外温度传感器和热电红外温度传感器。本设计选用热电红外温度传感器。热电红外温度传感器是利用红外辐射的热效应,通过温差电效应、热释电效应和热敏电阻等测量所吸收的红外辐射,间接地测量辐射红外光物体的温度。

17.1.2 系统总体设计

基于STC89C52单片机的红外体温计的硬件设计采用目前使用比较广泛的模块化设计思想,该系统的硬件结构主要由STC89C52单片机、复位电路、时钟电路、按键电路、MLX90614红外测温模块、声光报警模块和1602液晶显示器等部分构成,如图17-2所示。本设计采用单片机作为数据处理及控制核心并根据键值的输入,利用液晶显示电路输出温度值,利用蜂鸣器和LED灯作声光报警。通过划分模块的方法,可以把一个复杂的问题分割成几个相对容易解决的问题,分别予以解决,大大简化了设计的难度。红外体温计布局如图17-3所示。

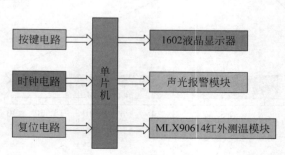

图17-2 红外体温计模块图

第17章 红外电子体温枪的设计与制作

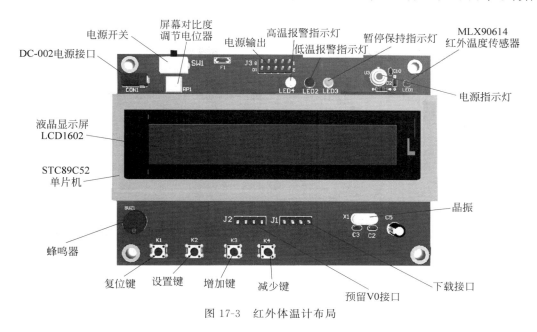

图 17-3 红外体温计布局

17.2 硬件设计

17.2.1 单片机最小系统设计

单片机作为红外体温计的核心处理部件,关系到整个仪器的性能指标,因此它的选择非常重要。本体温计选择 STC89C52 单片机作为本系统的核心,负责控制启动温度测量、接收测量数据、计算温度值,并根据获得的键值控制显示过程。单片机最小系统结构如图 17-4 所示。

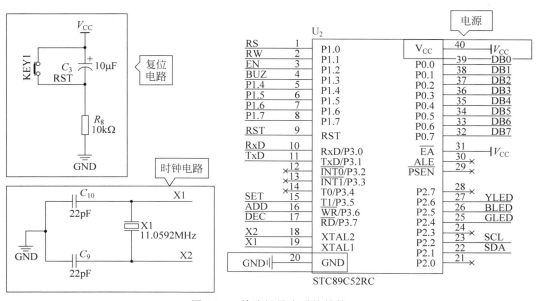

图 17-4 单片机最小系统结构

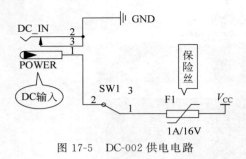

图 17-5 DC-002 供电电路

STC89C52 的供电电压为 5V，而 MLX90614 红外测温传感器供电电压为 3.3V。因此，利用 USB 输入 5V 电压给单片机供电，如图 17-5 所示，再通过 AMS1117-3.3 电源模块，将外部输入电压转换成 3.3V 的工作电压，以保障红外测温传感器的正常运行，如图 17-6 所示。

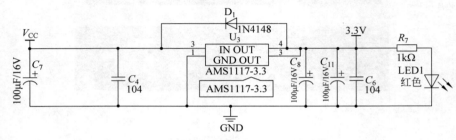

图 17-6 AMS1117-3.3 转换电路

17.2.2 红外测温及报警模块

面对众多的红外检测器件产品，在设计中选择合适的红外检测器件已成为一个重要的问题。在设计过程中选择红外线检测器件时，首先考虑的是器件的以下性能因素：光谱响应范围、响应速度、有效检测面积、元件数量、制冷方式和检测目标的温度。红外测温模块 MLX90614 采用非接触手段，解决了传统测温中需要接触的问题，具有回应速度快、测量精度高、测量范围广等优点。它通过红外温度传感器扫描被测物体，并把相应的红外辐射数据传送给单片机模块。

MLX90614 红外传感器在接收到人体发出的红外信号后，经过检测系统确定，对检测到的信号进行放大、滤波等处理，再进行模数转换处理将信号传送到单片机，由单片机控制 LCD1602 显示单元进行显示。图 17-7 所示为红外测温模块电路图。

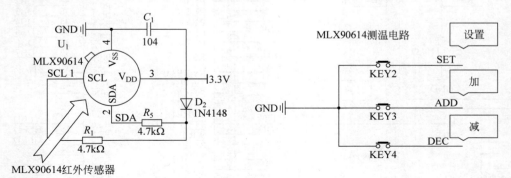

图 17-7 红外测温模块电路

如果处理后的信号大于预设的正常体温则报警，提醒人们体温偏高。按键处理电路可以设置温度报警的上限值和下限值。

声音报警器件采用蜂鸣器。蜂鸣器使用简单、方便，是较理想的报警器件。光报警器可采用不同颜色的 LED 予以区分高温报警和低温报警。报警电路如图 17-8 所示。

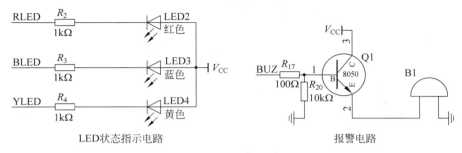

图 17-8　报警电路

17.2.3　液晶显示模块

液晶显示器以其微功耗、体积小、显示内容丰富、超薄轻巧的诸多优点，在袖珍式仪表和低功耗应用系统中得到越来越广泛的应用。本设计采用的字符型液晶模块是一种用 5×7 点阵图形显示字符的液晶显示器。根据显示的容量可以分为 1 行 16 个字、2 行 16 个字、2 行 20 个字等，本设计以常用的 2 行 16 个字的 LCD1602 液晶模块介绍它的编程方法。1602 采用标准的 16 脚接口。人体温度经传感器读取数据，单片机处理后显示在屏幕上。液晶显示电路如图 17-3 所示。

17.2.4　红外电子体温枪硬件清单及成品

图 17-9 所示为红外电子体温枪的元器件清单，图 17-10 所示为红外电子体温枪的成品图。

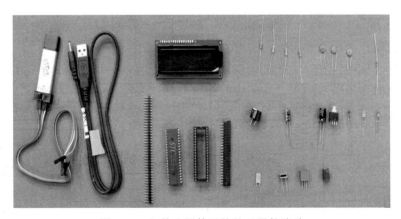

图 17-9　红外电子体温枪的元器件清单

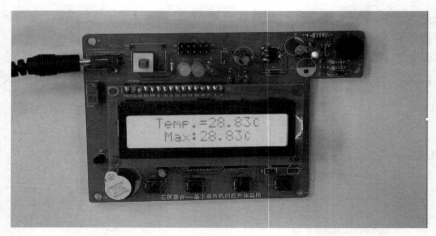

图 17-10　红外电子体温枪的成品图

17.3　软件设计

本红外体温计的软件设计采用模块化的设计思想,把整个系统分成若干模块分别予以解决,具体包括主程序模块、红外测温模块、报警模块和显示模块,如图 17-11 所示。

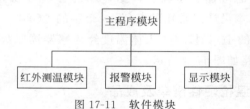

图 17-11　软件模块

主程序模块主要完成系统初始化、温度的检测、串行口通信、键盘和显示等功能。其中,系统初始化包括时间中断的初始化、外部中断源的初始化、串行口通信中断的初始化、LED 显示的初始化。

红外测温模块的作用是获取温度数据,计算温度值。

报警模块的作用是获取单片机信息,报警。

显示模块的作用是获取并处理相应的温度数据。

17.3.1　主程序模块的设计

当红外测温仪接通电源时,STC89C51 单片机自动复位,开始运行该程序。该程序首先对 STC89C51 初始化,然后给出开机显示,接着判断是否有键输入。若没有键输入,则继续判断;若有键输入,则判断是否是红外测温。若不是,则返回开机显示;若是,则进行红外测温,接收数据,并将计算的温度值显示出来。如果是环境温度通过数码管前四位显示,目标温度用后四位显示,并等待结束测温命令。再判定是否结束温度测量,若没有结束温度测量,则继续测温;若收到结束命令,则返回开机显示,重新判断。具体工作的流程图如图 17-12 所示。首先初始化系统,然后复位各个端口,并开始测温,利用 1602 显示测温结果。

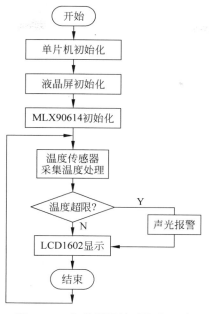

图 17-12 红外测温计系统流程图

17.3.2 红外测温程序模块

红外测温程序模块的数据输出信号和脉冲信号分别接单片机 P1.3、P1.4 口,测温控制端接 P1.5 口,程序流程图如图 17-13 所示。此模块首先定义一个字符型数组,用于存

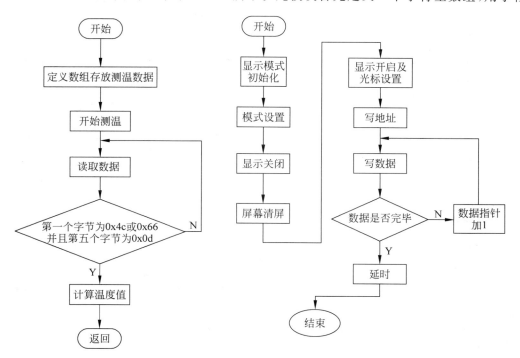

图 17-13 红外测温计程序流程图

放读取到的一帧数据;然后启动测温,读取数据,数据是在脉冲的下降沿一位一位传送的。把 5 字节数据都读完后,判断第一字节是否为 0x4c 或 0x66 并且第五字节是否为 0x0d,若是,则计算温度值返回;否则继续读取数据。

程序参考代码如下:

```c
#include "STC89C52.h"
#include "UART.h"
#include "LCD1602.h"
#include "Common.h"
#include "MLX90614.h"
unsigned int dat;
float Temperature = 0.0;                               //测量的温度数据
float Maxtemp = 0;
float Mintemp = 0;
bit maxflag = 1;                                       //最高温度显示
bit holdflag = 0;                                      //数据保持标志
unsigned char DispStr[16] = {0x10,0x06,0x09,0x08,0x08,0x09,0x06,0x00};  //"℃"字模
sbit S1 = P1^7;
sbit S2 = P1^6;
sbit S3 = P1^5;
sbit LED = P1^4;
void DispTemp(float dat)                               //温度显示数据生成函数
{
    unsigned char i = 0;
    if(dat < 0)
        DispStr[i ++] = '-';
    if(dat > 100)
        DispStr[i ++] = (unsigned int)dat / 100 + 0x30;
    if(dat > 10)
        DispStr[i ++] = (unsigned int)dat % 100 / 10 + 0x30;
    DispStr[i ++] = (unsigned int)dat % 10 + 0x30;
    DispStr[i ++] = '.';
    DispStr[i ++] = (unsigned int)(dat * 10) % 10 + 0x30;
    DispStr[i ++] = (unsigned int)(dat * 100) % 10 + 0x30;
    /* while(i < 16)
        DispStr[i ++] = ' '; */
    DispStr[i] = 0x00;
}
void main()
{
    unsigned char i;
    P1 |= 0x10;
    UART_init();
    LCD_init();
    Temperature = GetTemperature() / 50.0 - 273.15;    //首次采样
    Maxtemp = Mintemp = Temperature;
    delay(10000);
    LCD1602_display(0,0,"Temp. =      .    ");
    LCD1602_display(1,0,"Max:              ");
    P1 &= ~0x10;
```

```
LCD1602_zidingyi(0,DispStr);
while(1)
{
    if(!holdflag)
    {
        Temperature = GetTemperature() / 50.0 - 273.15;
        if(Temperature > Maxtemp)                    //记录最大值
            Maxtemp = Temperature;
        if(Temperature < Mintemp)                    //记录最小值
            Mintemp = Temperature;
        DispTemp(Temperature);
        LCD1602_display(0,6,DispStr);
        LCD_wdat(0x00);
        LCD_wdat(' ');
        LCD_wdat(' ');
        LCD_wdat(' ');
        LCD_wdat(' ');
        LCD_wdat(' ');
        if(maxflag)
        {
            //LCD1602_display(1,0,"          ");
            DispTemp(Maxtemp);
            LCD1602_display(1,0,"Max:");
            LCD1602_display(1,4,DispStr);
            LCD_wdat(0x00);
            LCD_wdat(' ');
            LCD_wdat(' ');
            LCD_wdat(' ');
            LCD_wdat(' ');
            LCD_wdat(' ');
            LCD_wdat(' ');
            LCD_wdat(' ');
        }
        else
        {
            //LCD1602_display(1,0,"          ");
            DispTemp(Mintemp);
            LCD1602_display(1,0,"Min:");
            LCD1602_display(1,4,DispStr);
            LCD_wdat(0x00);
            LCD_wdat(' ');
            LCD_wdat(' ');
            LCD_wdat(' ');
            LCD_wdat(' ');
            LCD_wdat(' ');
            LCD_wdat(' ');
            LCD_wdat(' ');
        }
        LED = 1;
    }
    else
```

```
            {
                LCD1602_display(1,0,"Data - hold...");
                LED = 0;
            }
            //delay(40000);
            for(i = 0;i < 100;i ++)
            {
                delay(500);
                if(!S1)
                {
                    delay(20000);
                    maxflag = !maxflag;
                    break;
                }
                if(!S2)
                {
                    delay(20000);
                    Maxtemp = Mintemp = 0;
                    break;
                }
                if(!S3)
                {
                    delay(20000);
                    holdflag = !holdflag;
                    break;
                }
            }
        }
}

#include "LCD1602.h"
#include "STC89C52.h"
#include "Common.h"
#include <intrins.h>

unsigned char code Tab1602[16] = {'0','1','2','3','4','5','6','7','8','9','A','B','C','D','E','F'};


/* bit LCD_bz()                   //函数:测试 LCD 是否忙碌
{
    bit result;
    HC138(0);
    RS_1602 = 0;                  //寄存器选择信号为低电平,表示传输指令信号
    RW_1602 = 1;                  //读写信号为高电平,读忙信号
    E_1602 = 1;                   //使能信号为 1,读取数据
    _nop_();
    _nop_();
    _nop_();
    _nop_();
    result = (bit)(P0&0X80);      //读取 LCD 发回的数据
    E_1602 = 0;                   //使能端重新回到低电平
```

```c
    return result;              //返回是否读取到忙信号
}*/
void LCD_wcmd(unsigned char cmd)    //定义函数:写入指令到LCD。定义布尔型变量:cmd
{
    //while(LCD_bz());          //测试LCD是否忙碌
    RS_1602 = 0;                //寄存器选择信号为低电平,表示传输指令信号
    RW_1602 = 0;                //寄存器选择信号为低电平,表示向LCD写数据
    E_1602 = 0;
    _nop_();
    _nop_();
    P0 = cmd;                   //将cmd变量的数据发送给LCD
    _nop_();
    _nop_();
    _nop_();
    _nop_();
    E_1602 = 1;                 //使能端上升为高电平
    _nop_();
    _nop_();
    _nop_();
    _nop_();
    E_1602 = 0;                 //使能信号由高电平变为低电平,在下降沿模块执行指令
    //return 0;
}
void LCD_pos(unsigned char pos)     //定义函数:设定字符显示位置
{
//HC138(0);
    LCD_wcmd(pos|0x80);         //调用写指令函数,将pos变量的数据写入LCD
    //return 0;
}
void LCD_wdat(unsigned char dat)    //定义函数:向LCD写入显示数据
{
    //while(LCD_bz());          //判断忙信号
    RS_1602 = 1;                //寄存器选择信号为高电平,表示传输显示信号
    RW_1602 = 0;                //寄存器选择信号为低电平,表示向LCD写数据
    E_1602 = 0;
    P0 = dat;
    _nop_();
    _nop_();
    _nop_();
    _nop_();
    E_1602 = 1;
    _nop_();
    _nop_();
    _nop_();
    _nop_();
    E_1602 = 0;
    RS_1602 = 0;                //测试
    E_1602 = 0;                 //测试
//return 0;
}
void LCD_init()                 //定义函数:LCD模块初始化
```

```c
{
    //HC138(0);
    LCD_wcmd(0x38);         //写指令 38H,不检测忙信号
    delay(300);
    LCD_wcmd(0x38);         //写指令 38H,不检测忙信号
    delay(300);
    LCD_wcmd(0x38);         //写指令 38H,不检测忙信号
    delay(300);
    //while(LCD_bz());
    delay(100);
    _nop_();
    LCD_wcmd(0x3c);         //写指令 38H
    //while(LCD_bz());
    delay(100);
    _nop_();
    LCD_wcmd(0x08);
    delay(300);
    //while(LCD_bz());
    delay(100);
    _nop_();
    LCD_wcmd(0x01);
    delay(300);
    //while(LCD_bz());
    delay(100);
    _nop_();
    LCD_wcmd(0x06);
    delay(300);
    //while(LCD_bz());
    delay(100);
    LCD_wcmd(0x0c);         //显示开及光标设置。0x0c 为无光标,0x0f 为有光标且光标闪烁
    delay(300);
}

void LCD1602_display(bit hang,unsigned char lie,unsigned char strdat[])
{
    unsigned char i = 0;
    if(hang)                //控制字符显示位置
        LCD_pos(0x40 + lie);
    else
        LCD_pos(0x80 + lie);
    while(strdat[i]!= '\0')  //发送字符串数据
    {
        LCD_wdat(strdat[i]);
        delay(300);
        i++;
    }
    return;
}

void LCD1602_num(bit hang,unsigned char lie,unsigned char numdat)
{
```

```c
//HC138(0);
    if(hang)                        //控制字符显示位置
        LCD_pos(0x40 + lie);
    else
        LCD_pos(0x80 + lie);
    delay(20);
    LCD_wdat(Tab1602[numdat]);
    delay(20);
}
/* 下面为LCD1602高级控制函数,通过"kuozhan"宏定义进行条件编译 */
#ifdef kuozhan
    void LCD1602_con(bit LCDen,bit Cur,bit Curfls)
    {
        unsigned char dat = 0x08;
        if(LCDen)
            dat| = 0x04;
        if(Cur)
            dat| = 0x02;
        if(Curfls)
            dat| = 0x01;
        LCD_wcmd(dat);
    }

    void LCD1602_zidingyi(unsigned char n,unsigned char zimo[8])
    {
        unsigned char i;
        LCD_wcmd(0x40 + 8 * n);
        for(i = 0;i < 8;i++)
            LCD_wdat(zimo[i]);
    }
    void LCD1602_displayf(unsigned char hang,unsigned char lie,unsigned char zi)
    {
        if(hang)                    //控制字符显示位置
            LCD_pos(0x40 + lie);
        else
            LCD_pos(0x80 + lie);
        LCD_wdat(zi);
    }
#endif

#include "MLX90614.h"
#include "STC89C52.h"
#include "Common.h"
#include "intrins.h"

#define SMBUS_DELAY 1

sbit SCL = P2^2;
sbit SDA = P2^1;                    //定义MLX90614的两个接口
unsigned char bdata flag;
sbit bit_out = flag ^ 7;
```

```c
sbit bit_in = flag ^ 0;

void SMBus_Start(void)                      //start_bit 产生起始信号
{
    SDA = 1;
    /* _nop_();
    _nop_();
    _nop_();
    _nop_(); */
    delay(SMBUS_DELAY);
    SCL = 1;
    /* _nop_();
    _nop_();
    _nop_();
    _nop_(); */
    delay(SMBUS_DELAY);
    SDA = 0;
    /* _nop_();
    _nop_();
    _nop_();
    _nop_(); */
    delay(SMBUS_DELAY);
    SCL = 0;
    /* _nop_();
    _nop_();
    _nop_();
    _nop_(); */
    delay(SMBUS_DELAY);
}
//------------------------------
void SMBus_Stop(void)//stop_bit              //产生结束信号
{
    SCL = 0;
    /* _nop_();
    _nop_();
    _nop_();
    _nop_(); */
    delay(SMBUS_DELAY);
    SDA = 0;
    /* _nop_();
    _nop_();
    _nop_();
    _nop_(); */
    delay(SMBUS_DELAY);
    SCL = 1;
```

```c
    /* _nop_();
    _nop_();
    _nop_();
    _nop_();
    _nop_(); */
    delay(SMBUS_DELAY);
    SDA = 1;
}
//---------- 发送 1 字节 --------------
void SMBus_SendByte(unsigned char dat_byte)          //tx_byte 发送 1 字节的数据
{
    char i,n,dat;
    n = 10;
TX_again:
    dat = dat_byte;
    for(i = 0; i < 8; i++)
    {
        if(dat&0x80)
            bit_out = 1;
        else
            bit_out = 0;
        SMBus_Sendbit();
        dat = dat << 1;
    }
    SMBus_Receivebit();
    if(bit_in == 1)
    {
        SMBus_Stop();
        if(n!= 0)
        {
            n -- ;
            goto Repeat;
        }
        else
            goto exit;
    }
    else
        goto exit;
Repeat:
    SMBus_Start();
    goto TX_again;
exit:
    ;
}
//----------- 发送 1 位 ---------
void SMBus_Sendbit(void)                //send_bit 发送 1 位数据
{
    if(bit_out == 0)
        SDA = 0;
    else
        SDA = 1;
```

```c
        _nop_();
        SCL = 1;
        /* _nop_();
        _nop_();
        _nop_();
        _nop_();
        _nop_();
        _nop_();
        _nop_();
        _nop_(); */
        delay(2 * SMBUS_DELAY);
        SCL = 0;
        /* _nop_();
        _nop_();
        _nop_();
        _nop_();
        _nop_();
        _nop_();
        _nop_();
        _nop_(); */
        delay(2 * SMBUS_DELAY);
    }
    //---------- 接收 1 字节 --------
    unsigned char SMBus_ReceiveByte(void)          //rx_byte 接收 1 字节的数据
    {
        unsigned char i,dat;
        dat = 0;
        for(i = 0; i < 8; i++)
        {
            dat = dat << 1;
            SMBus_Receivebit();
            if(bit_in == 1)
                dat = dat + 1;
        }
        SMBus_Sendbit();
        return dat;
    }
    //---------- 接收 1 位 ----------
    void SMBus_Receivebit(void)                    //receive_bit 接收 1 位的数据
    {
        SDA = 1;
        bit_in = 1;
        SCL = 1;
        /* _nop_();
        _nop_();
        _nop_();
        _nop_();
        _nop_();
        _nop_();
        _nop_();
        _nop_(); */
```

```c
        delay(2 * SMBUS_DELAY);
        //delay(SMBUS_DELAY);
        bit_in = SDA;
        _nop_();
        SCL = 0;
        /* _nop_();
        _nop_();
        _nop_();
        _nop_();
        _nop_();
        _nop_();
        _nop_();
        _nop_(); */
        delay(2 * SMBUS_DELAY);
}

unsigned int GetTemperature()              //获取温度数值
{
        unsigned char datH,datL;
        SMBus_Start();
        SMBus_SendByte(0x00);
        SMBus_SendByte(0x07);
        SMBus_Start();
        SMBus_SendByte(0x01);
        bit_out = 0;
        datL = SMBus_ReceiveByte();
        bit_out = 0;
        datH = SMBus_ReceiveByte();
        bit_out = 1;
        SMBus_ReceiveByte();
        SMBus_Stop();
        return datH * 256 + datL;
}

/* uint memread(void)
{
        start_bit();
        tx_byte(0x00);                     //Send Slave Address
        tx_byte(0x07);                     //Send Command
//------------
        start_bit();
        tx_byte(0x01);
        bit_out = 0;
        DataL = rx_byte();
        bit_out = 0;
        DataH = rx_byte();
        bit_out = 1;
        Pecreg = rx_byte();
        stop_bit();
        return(DataH * 256 + DataL);
} */
```

```c
#include "STC89C52.h"
#include "UART.h"
//#include "digitron.h"

#ifndef __EEPROM_H__
//sfr ISP_CONTR = 0xE7;                 //用于软件复位的寄存器声明
#endif

static bit sendflag = 0;

void UART_init(void)                    //2400bps@11.0592MHz
{
    PCON &= 0x7F;                       //波特率不倍速
    SCON = 0x50;                        //8 位数据,可变波特率
    AUXR &= 0xBF;                       //定时器 1 时钟为 $f_{osc}$/12,即 12T
    AUXR &= 0xFE;                       //串行口 1 选择定时器 1 为波特率发生器
    TMOD &= 0x0F;                       //清除定时器 1 模式位
    TMOD |= 0x20;                       //设定定时器 1 为 8 位自动重装方式
    TL1 = 0xF3;                         //设定定时初值
    TH1 = 0xF3;                         //设定定时器重装值
    ET1 = 0;                            //禁止定时器 1 中断
    TR1 = 1;                            //启动定时器 1
    ES = 1;
    EA = 1;
    IP |= 0x10;                         //设置串行口为最高中断优先级
}

void UART_Interrupt() interrupt 4
{
    if(RI)                              //接收中断
    {
        RI = 0;
        AutoReset(SBUF);
        //P2 = SBUF;
        //P3 |= 0x20;                   //调试指令:强行赋值秒点
        //LightMode = SBUF;
    }
    if(TI)                              //发送中断
    {
        TI = 0;
        sendflag = 1;
    }
}

//软件复位密码:303432374ED85F3A
void AutoReset(unsigned char dat)
{
    unsigned char code AutoResetPassword[8] = {0x30,0x34,0x32,0x37,0x4E,0xD8,0x5F,0x3A};
    static unsigned char wordnum;
    if(dat == AutoResetPassword[wordnum])   //判断密码是否正确
```

```
    {
        wordnum ++;
        if(wordnum == 8)
        {
            ISP_CONTR = 0x60;              //引发软件复位
        }
    }
    else
    {
        wordnum = 0;
    }
}

void UartSendByte(unsigned char dat)
{
    sendflag = 0;
    SBUF = dat;
    while(!sendflag);
}

void UartSendString(unsigned char * dat)
{
    unsigned char i = 0;
    while( * (dat + i) != '\0')
    {
        UartSendByte( * (dat + i));
        if(i == 255)
            break;                         //如果字符串长度超过了255,则强行退出循环,以免程序卡死
        i ++;
    }
}
```

本 章 小 结

红外电子体温枪的制作包括液晶、按键、红外测温等众多模块,对掌握单片机的综合应用有着很好的促进作用,可帮助读者提高动手能力和综合实践能力。

习 题

1. 深入思考什么是模块化设计思想,在实际应用中有什么作用?
2. 查阅资料,深入了解红外测温模块的工作原理。

基于单片机设计的
温度报警系统(上)

基于单片机设计的
温度报警系统(下)

基于虚拟仿真的
单片机空气质量
检测仪的设计

单片机智能小车的
原理及制作(上)

单片机智能小车的
原理及制作(下)

实践作业 17

班级		学号		姓名	
任务要求	参照本章实例,制作红外电子体温枪。				
实施过程					

参 考 文 献

[1] 宋雪松.手把手教你学51单片机[M].2版.北京:清华大学出版社,2020.
[2] 张志良.80C51单片机仿真设计实例教程[M].北京:清华大学出版社,2016.
[3] 刘平,刘钊.STC15单片机实战指南(C语言版)[M].北京:清华大学出版社,2016.
[4] 刘丽,等.STC单片机项目实例教程[M].武汉:华中科技大学出版社,2019.
[5] 陈贵银.51单片机技术应用教程(C语言版)(活页式)[M].北京:人民邮电出版社,2022.
[6] 刘波.51单片机应用开发典型范例——基于Proteus仿真[M].北京:电子工业出版社,2014.
[7] 张义和,等.例说51单片机(C语言版)[M].3版.北京:人民邮电出版社,2010.
[8] 温子祺,等.51单片机C语言创新教程[M].北京:北京航空航天大学出版社,2011.
[9] 郑锋,等.51单片机应用系统典型模块开发大全[M].3版.北京:中国铁道出版社,2013.
[10] 李朝青,刘艳玲.单片机原理及接口技术[M].4版.北京:北京航空航天大学出版社,2013.
[11] 彭伟.单片机C语言程序设计实训100例——基于8051+Proteus仿真[M].2版.北京:电子工业出版社,2012.
[12] 张辉,等.Visual Basic串口通信及编程实例[M].北京:化学工业出版社,2012.
[13] 张水利.单片机原理及应用[M].郑州:黄河水利出版社,2008.
[14] 杜洋.爱上单片机[M].3版.北京:人民邮电出版社,2014.

附录 A ASCII 字符表

ASCII 值	控制字符	ASCII 值	控制字符	ASCII 值	控制字符	ASCII 值	控制字符
0	NUL	32	(space)	64	@	96	`
1	SOH	33	!	65	A	97	a
2	STX	34	"	66	B	98	b
3	ETX	35	#	67	C	99	c
4	EOT	36	$	68	D	100	d
5	ENQ	37	%	69	E	101	e
6	ACK	38	&	70	F	102	f
7	BEL	39	'	71	G	103	g
8	BS	40	(	72	H	104	h
9	HT	41	)	73	I	105	i
10	LF	42	*	74	J	106	j
11	VT	43	+	75	K	107	k
12	FF	44	,	76	L	108	l
13	CR	45	-	77	M	109	m
14	SO	46	.	78	N	110	n
15	SI	47	/	79	O	111	o
16	DLE	48	0	80	P	112	p
17	DC1	49	1	81	Q	113	q
18	DC2	50	2	82	R	114	r
19	DC3	51	3	83	X	115	s
20	DC4	52	4	84	T	116	t
21	NAK	53	5	85	U	117	u
22	SYN	54	6	86	V	118	v
23	TB	55	7	87	W	119	w
24	CAN	56	8	88	X	120	x
25	EM	57	9	89	Y	121	y
26	SUB	58	:	90	Z	122	z
27	ESC	59	;	91	[	123	{
28	FS	60	<	92	\	124	|
29	GS	61	=	93	]	125	}
30	RS	62	>	94	^	126	~
31	US	63	?	95	_	127	DEL

表中符号说明：

NUL	空	DC1	设备控制 1
SOH	标题开始	DC2	设备控制 2
STX	正文结束	DC3	设备控制 3
ETX	本文结束	DC4	设备控制 4
EOT	传输结束	NAK	否定
ENQ	询问	SYN	空转同步
ACK	承认	TB	信息组传送结束
BEL	报警符	CAN	作废
BS	退一格	EM	纸尽
HT	横向列表	SUB	减
LF	换行	ESC	换码
VT	垂直制表	FS	文字分隔符
FF	走纸控制	GS	组分隔符
CR	回车	RS	记录分隔符
SO	移位输出	US	单元分隔符
SI	移位输入	DEL	作废
DLE	数据链换码		

附录 B　Proteus 仿真软件简介

　　Proteus 是英国 Labcenter 公司开发的电路分析与仿真软件。该软件的特点是：①集原理图设计、仿真和 PCB 设计于一体，真正实现从概念到产品的完整电子设计工具；②具有模拟电路、数字电路、单片机应用系统、嵌入式系统设计与仿真功能；③具有全速、单步、设置断点等多种形式的调试功能；④具有各种信号源和电路分析所需的虚拟仪表；⑤支持 Keil C51 μVision2、MPLAB 等第三方的软件编译和调试环境；⑥具有强大的原理图到 PCB 板设计功能，可以输出多种格式的电路设计报表。拥有 Proteus 电子设计工具，就相当于拥有了一个电子设计和分析平台。

附录 B 在线阅读

附录C　Keil C51 软件介绍

　　Keil 软件是美国 Keil Software 公司出品的 MCS-51 系列兼容单片机 C 语言软件开发系统，后被 ARM 公司收购。与汇编语言相比，C 语言在功能、结构性、可读性、可维护性上有明显的优势，因而易学易用。Keil 提供了包括 C 编译器、宏汇编、连接器、库管理和一个功能强大的仿真调试器等在内的完整开发方案，通过一个集成开发环境（μVision）将这些部分组合在一起。Keil 除了支持 C 语言，也支持汇编语言的开发。

附录 C 在线阅读

附录 D STC 系列单片机下载软件介绍

　　STC 系列单片机是深圳宏晶科技有限公司（官网 http://www.stcmcu.com/）生产的 51 系列单片机，在国内的 51 单片机市场上占有较大比例。STC-ISP 是针对该系列单片机开发的专用在线下载软件，可在其官网免费下载。

附录 D 在线阅读